钩针编织

海洋世界

日本 E&G 创意 / 编著

蒋幼幼 / 译

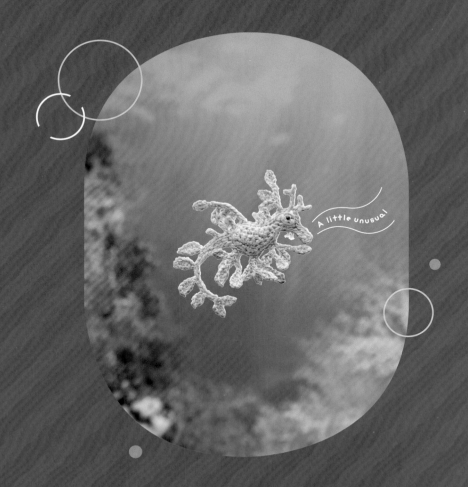

A little unusual

中国纺织出版社有限公司

目录 Contents

斑海豹 ▶ p.11, p.42

圆鳍鱼 ▶ p.8, p.36

温暖水域

裸胸鳝 ▶ p.19, p.50

月鱼 ▶ p.23, p.57

海月水母 ▶ p.10, p.41

东亚海岸

真蛸 ▶ p.18, p.49

印太江豚 ▶ p.17, p.51

鹦鹉螺 ▶ p.21, p.54

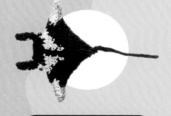

蝠鲼 ▶ p.14, p.47

印度洋

叶海龙 ▶ p.9, p.40

皇带鱼 ▶ p.24, p.58

横带园鳗 ▶ p.7, p.39

花园鳗 ▶ p.7, p.39

点斑箱鲀 ▶ p.5, p.33

温带水域

美国西海洋

北大西洋

簇羽海鹦 ▶ p.12, p.43

美洲海牛 ▶ p.13, p.44

大王乌贼 ▶ p.20, p.52

北太平洋

虎鲸 ▶ p.16, p.48

非洲大陆
东海岸

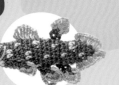

腔棘鱼 ▶ p.25, p.59

大斑壁鱼 ▶ p.6, p.35

鲸鲨 ▶ p.15, p.45

扁面蛸 ▶ p.22, p.55

南太平洋

小丑鱼 ▶ p.4, p.32

温暖海域

拟刺尾鲷 ▶ p.4, p.38

—— 海洋生物科普部分的阅读方法 ——

1 生物名称…常用名称、英文名称、所属科名。

2 栖息地…主要分布地区。

3 特征…描述了该生物的特征。

1
2
3

小丑鱼
Clown Anemonefish

雀鲷科
⊛ 西太平洋

栖息在较浅的珊瑚礁中，
与巨型地毯海葵互利共生。
作为观赏鱼也很受青睐。

小丑鱼
Clown Anemonefish

雀鲷科
○ 西太平洋

栖息在较浅的珊瑚礁中，
与巨型地毯海葵互利共生。
作为观赏鱼也很受青睐。

拟刺尾鲷
Palette Surgeonfish

刺尾鱼科
● 印度洋—西太平洋

多活动于珊瑚礁外侧有潮流经过的水域，
幼鱼常聚集在树枝状的珊瑚附近。

小丑鱼
制作方法：p.32
重点教程：p.29
设计 & 制作：小松崎信子

拟刺尾鲷
制作方法：p.38
设计 & 制作：小松崎信子

点斑箱鲀
Yellow Boxfish

箱鲀科
● 印度洋—西太平洋

幼鱼全身呈黄色，散布着黑色斑点。
作为观赏鱼也很受欢迎。

制作方法：p.33
设计 & 制作：小松崎信子

大斑躄鱼
Warty Frogfish

躄鱼科
● 西太平洋—印度洋

身体上的花纹很像歌舞伎的脸谱（隈取），
日文名称"隈取蛙鮟鱇"由此得来。
色彩鲜艳的个体非常惹人喜爱。

制作方法：p.35
设计＆制作：河合真弓

横带园鳗
Splendid Garden Eel

康吉鳗科
● 印度洋—西太平洋

与花园鳗一样，将身体埋在沙里。
最大的特征是橙色身体上
分布着一圈圈白色条纹。

花园鳗
Spotted Garden Eel

康吉鳗科
● 印度洋—西太平洋

栖息在流速很快的珊瑚礁沙底。
从沙底露出上半身，
以浮游生物为食。

横带园鳗
制作方法：p.39
设计：冈本启子
制作：Megu

花园鳗
制作方法：p.39
设计：冈本启子
制作：Megu

圆鳍鱼
Lumpfish

圆鳍鱼科
● 北极一带

栖息在沿岸海藻繁茂的岩礁间。
腹鳍进化成吸盘，
可以吸附在岩石等表面。

制作方法：p.36
设计 & 制作：镰田惠美子

叶海龙
Leafy Sea Dragon

海龙科
澳大利亚南部

栖息在海洋沿岸的岩礁和海藻丛中。
伪装成摇曳生姿、随波而动的海藻，
以此保护自己，躲避敌害。

制作方法：p.40
设计 & 制作：松本薰

海月水母
Moon Jellyfish

海月水母科
● 世界各地的温带海域

全世界分布很广的水母之一。
伞状体边缘有很多纤细的触手,
它们就是用这些触手捕食浮游生物等。

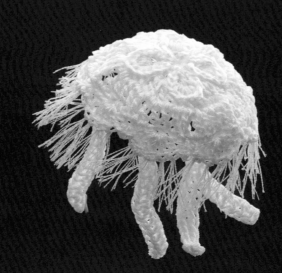

制作方法：p.41
设计 & 制作：小松崎信子

斑海豹
Larga Seal

海豹科
● 西北太平洋

水族馆的大明星。
野生海豹夏秋两季栖息在海洋沿岸，
冬春两季则栖息在浮冰上。

制作方法：p.42
设计 & 制作：池上舞

簇羽海鹦
Tufted Puffin

海雀科
🐦 北太平洋

在阿伊努语言中，意为"漂亮的喙"。
因其体态优美，又名"花魁鸟"。

制作方法：p.43
重点教程：p.29
设计＆制作：松本薰

12

美洲海牛
American Manatee

海牛科
● 佛罗里达半岛、加勒比海、
　南非东北部的沿岸水域

栖息在沿岸和河流中，以海草为食。
又圆又扁的尾鳍是其一大特征。

制作方法：p.44
设计 & 制作：池上舞

蝠鲼
Giant Manta

蝠鲼科
● 热带和亚热带海域

在外洋表层单独或成群游动，
以浮游生物为食。
因为体形很像斗篷（manto，西班牙语），
所以英文俗称 manta。

制作方法：p.47
重点教程：p.30
设计 & 制作：镰田惠美子

鲸鲨
Whale Shark

鲸鲨科
- 全世界温暖海域

世界上最大的鱼类。
主要以小型的甲壳类等浮游生物为食。
身上的斑纹很像日本的甚平和服，
日文名称"甚平鲛"因此得名。

制作方法：p.45
设计 & 制作：河合真弓

虎鲸
Killer Whale

海豚科
● 全世界各大海域

鲸类家族的一员，分布最广。
擅长捕猎，
以企鹅、小型鲸鱼、海豹等为食。

制作方法：p.48
设计 & 制作：河合真弓

印太江豚
Finless Porpoise

鼠海豚科

印度洋、日本沿岸、波斯湾等

一种小型的海豚。
身体呈灰色,无背鳍。
头部整体比较圆钝。

制作方法:p.51
设计 & 制作:池上舞

真蛸
Common Octopus

章鱼科
● 东亚沿海的热带、温带海域

能够随周围环境改变身体颜色，善于拟态。
感知到危险时就会释放墨汁，
混淆敌人的视觉和嗅觉。

制作方法：p.49
重点教程：p.31
设计 & 制作：松本薰

裸胸鳝
Kidako Moray

海鳝科
- 热带和亚热带海域

栖息在温暖海域浅海区的海水鱼，
牙尖、口大，最喜欢捕食章鱼。

制作方法：p.50
重点教程：p.30
设计＆制作：松本薫

19

大王乌贼
Giant Squid

大王乌贼科
● 全世界温带海域—亚寒带海域

世界上最大的无脊椎动物。
因为分布广泛，又生活在深海中，
所以很多生态习性还是未解之谜。

制作方法：p.52
设计：冈本启子
制作：Megu

鹦鹉螺
Nautilus

鹦鹉螺科
● 西南太平洋热带海区

堪称"活化石"。
有着和海螺类似的外壳，
与章鱼、乌贼一样属于头足类。

制作方法：p.54
重点教程：p.31
设计：冈本启子
制作：Megu

扁面蛸
Umbrella Octopus

面蛸科
日本群岛南部海域

栖息在深海的一种章鱼。
腕足的一半以上覆盖着宽大的膜，
外形就像一顶降落伞。
每条腕足上只有一排吸盘，没有墨囊。

制作方法：p.55
设计 & 制作：池上舞

月鱼
Opah

月鱼科
● 全世界海域

生活在海水近表层到水深约 500m 之间。
虽然外形类似翻车鱼，
但是在分类上与皇带鱼的关系更近。

制作方法：p.57
设计 & 制作：镰田惠美子

皇带鱼
Oarfish

皇带鱼科
● 大西洋、印度洋、太平洋

全身银白色，背鳍和胸鳍呈鲜红色。
因其神秘的形态，
又被称为"龙宫使者"。

制作方法：p.58
设计：冈本启子
制作：fumifumi

腔棘鱼
Coelacanth

矛尾鱼科
⚫ 印度洋

从远古时代存活至今、
没有改变外形的"活化石"代表。
腔棘的意思是"中空的脊柱",
没有普通鱼类的脊椎骨,腔棘鱼由此得名。

制作方法：p.59
设计 & 制作：镰田惠美子

刺绣线的介绍

下面介绍本书使用的 DMC 刺绣线的色样。
颜色漂亮、丰富、齐全，希望能为您的作品增色添彩。

25 号刺绣线
棉100%　1支/8m　500色

(图片为实物粗细)

|25号刺绣线的色样

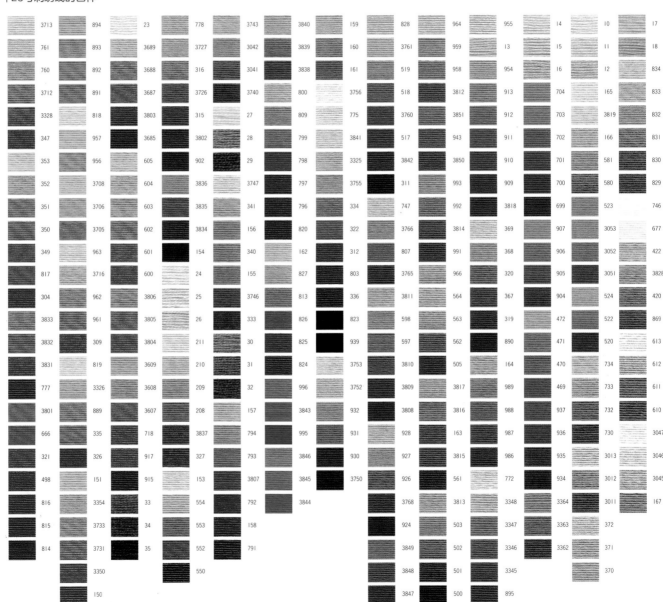

3713	894	23	778	3743	3840	159	828	964	955	14	10	17
761	893	3689	3727	3042	3839	160	3761	959	13	15	11	18
760	892	3688	316	3041	3838	161	519	958	954	12	12	834
3712	891	3687	3726	3740	800	3756	518	3812	913	704	165	833
3328	818	3803	315	27	809	775	3760	3851	912	703	3819	832
347	957	3685	3802	28	799	3841	517	943	911	702	166	831
353	956	605	902	29	798	3325	3842	3850	910	701	581	830
352	3708	604	3836	3747	797	311	747	993	909	700	580	829
351	3706	603	3835	341	796	334	747	992	3818	699	523	746
350	3705	602	3834	156	820	322	3766	3814	369	907	3053	677
349	963	601	154	340	162	312	807	991	368	906	3052	422
817	3716	600	24	155	827	803	3765	966	320	905	3051	3828
304	962	3806	25	3746	813	336	3811	564	367	904	524	420
3833	961	3805	26	333	826	823	598	563	319	472	522	869
3832	309	3804	211	30	825	939	597	562	890	471	520	613
3831	819	3609	210	31	824	3753	3810	505	164	470	734	612
777	3326	3608	209	32	996	3752	3809	3817	989	469	733	611
3801	889	3607	208	157	3843	932	3808	3816	988	937	732	610
666	335	718	3837	794	995	931	928	163	987	936	730	3041
321	326	917	327	793	3846	930	927	3815	986	935	3013	3046
498	151	915	153	3807	3845	3750	926	561	772	934	3012	3045
816	3354	33	554	792	3844		3768	3813	3348	3364	3011	167
815	3733	34	553	158			924	503	3347	3363	372	
814	3731	35	552	791			3849	502	3346	3362	371	
	3350		550				3848	501	3345		370	
	150						3847	500	895			

金属线（Light Effects）
涤纶100% 1支/8m 36色

（图片为实物粗细）

丝光线（Satin）
人造丝100% 1支/8m 60色

（图片为实物粗细）

- 各线材自左向右表示为：
  材质→线长→颜色数。
- 颜色数为截至2022年1月的数据。
- 因为印刷的关系，可能存在些许
  色差。

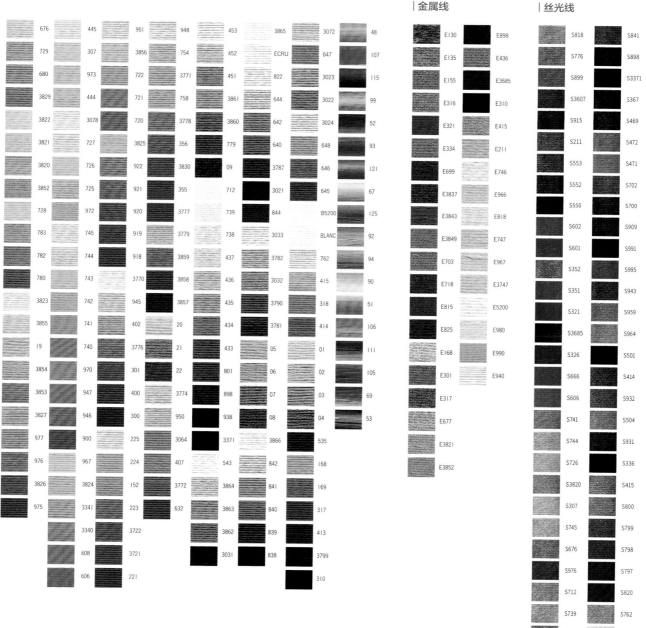

676	445	951	948	453	3865	3072	48
729	307	3856	754	452	ECRU	647	107
680	973	722	3771	451	822	3023	115
3829	444	721	758	3861	644	3022	99
3822	3078	720	3778	3860	642	3024	52
3821	727	3825	356	779	640	648	93
3820	726	922	3830	09	3787	646	121
3852	725	921	355	712	3021	645	67
728	972	920	3777	739	844	B5200	125
783	745	919	3779	738	3033	BLANC	92
782	744	918	3859	437	3782	762	94
780	743	3770	3858	436	3032	415	90
3823	742	945	3857	435	3790	318	51
3855	741	402	20	434	3781	414	106
19	740	3776	21	433	05	01	111
3854	970	301	22	801	06	02	105
3853	947	400	3774	898	07	03	69
3827	946	300	950	938	08	04	53
977	900	225	3064	3371	3866	535	
976	967	224	407	543	842	168	
3826	3824	152	3772	3864	841	169	
975	3341	223	632	3863	840	317	
	3340	3722		3862	839	413	
	608	3721		3031	838	3799	
	606	221				310	

金属线

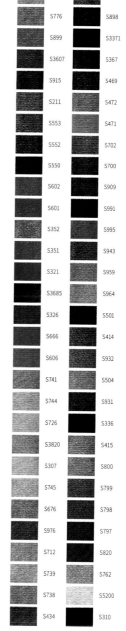

E130	E898
E135	E436
E155	E3685
E316	E310
E321	E415
E334	E211
E699	E746
E3837	E966
E3843	E818
E3849	E747
E703	E967
E718	E3747
E815	E5200
E825	E980
E168	E990
E301	E940
E317	
E677	
E3821	
E3852	

丝光线

S818	S841
S776	S898
S899	S3371
S3607	S367
S915	S469
S211	S472
S553	S471
S552	S702
S550	S700
S602	S909
S601	S991
S352	S995
S351	S943
S321	S959
S3685	S964
S326	S501
S666	S414
S606	S932
S741	S504
S744	S931
S726	S336
S3820	S415
S307	S800
S745	S799
S676	S798
S976	S797
S712	S820
S739	S762
S738	S5200
S434	S310

基础教程 Basic Lesson

刺绣线的使用方法

① 拉出线头。捏住左端的线圈慢慢地拉出线头，这样不易打结，可以很顺利地拉出来。标签上标有色号，方便补线时核对，用完之前请不要取下标签。

② 25号刺绣线是由6股细线合股而成。

③ 本书作品全部使用6股线直接钩织。

分股线

分股就是用缝针的针头等工具将合捻的1根线（6股）分成2~3股，常用于细节部位的处理。剪下30cm左右的线，退捻后比较容易分股。

刺绣线的合股方法

根据作品需要，将合捻的1根线剪下1~2m，按上面分股线的要领进行分股。准备好2种颜色的分股线后，再将指定股数的线并在一起，用6股线钩织。

从行上挑针钩织的方法（引拔针的情况）

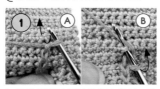

① 如箭头所示从短针的行上挑针，钩织引拔针。Ⓑ是插入钩针时的状态。针头挂线后如箭头所示拉出。

② 引拔后的状态。就像这样从行上挑针钩织。引拔针以外的情况，如步骤①中Ⓐ的箭头所示挑针，钩织指定的针法。

内侧半针与外侧半针的挑针方法

在内侧半针里挑针的情况

① 待挑针的针脚头部有2根线，如箭头所示在内侧半针（1根线）里挑针钩织。

② 这是在内侧半针里挑针钩织1圈后的状态。织物的反面剩下没有挑针的外侧半针。

正面　　　反面

在外侧半针里挑针的情况

① 待挑针的针脚头部有2根线，如箭头所示在外侧半针（1根线）里挑针钩织。

② 这是在外侧半针里挑针钩织1圈后的状态。织物的正面剩下没有挑针的内侧半针。

配色线的换线方法（横向渡线、包住暂时不用的线钩织的方法）

×××××××××××× ←①
××××××××××××

换成配色线

① 钩织至换色的前一针，用底色线钩织未完成的短针（p.61），在针头挂上配色线引拔（Ⓐ）。编织线就换成了配色线（Ⓑ）。

包住底色线（暂时不用的线）钩织

② 连同前一行的针脚和暂时不用的底色线一起挑针（参照步骤①中Ⓐ的箭头），钩2针短针，接着钩织未完成的短针。

换成底色线

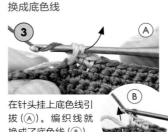

③ 在针头挂上底色线引拔（Ⓐ）。编织线就换成了底色线（Ⓑ）。

④ 参照步骤②、③，包住暂时不用的线继续钩织。

〔 配色线的换线方法 (纵向渡线的方法)〕

```
 0 × × × × × × × × × × × × × × × →②
 × × × × × × × × × × × × × × × × 0 ←①
 × × × × × × × × × × × × × × × ×
```

第 1 行 (看着织物的正面钩织)

钩织至换色的前一针，用底色线钩织未完成的短针 (p.61)，将底色线从前往后挂在针上 (放到织物的反面) 暂停钩织。

在针头挂上配色线。

将针头的配色线拉出。编织线就换成了配色线。

用配色线继续钩织至末端。

第 2 行 (看着织物的反面钩织)

翻转织物，用配色线继续钩织至换色的前一针。接着钩 1 针未完成的短针，将配色线从后往前挂在针上 (放到织物的反面) 暂停钩织。

将第 1 行暂时不用的底色线拉上来，挂在针头引拔。

编织线就换成了底色线。从下一针开始用底色线继续钩织。

换色时，将暂时不用的线挂在针上放到织物的反面，然后继续钩织。

重点教程 *Point Lesson*

小丑鱼 图片：p.4 制作方法：p.32

〔 主体的组合方法〕

① 头部 　尾部

钩织主体的头部和尾部，塞入填充棉。

将尾部套在头部的钩织终点上面，在里侧挑针缝合。

〔 尾鳍的钩织方法〕

将主体 (尾部) 钩织起点的 8 针锁针对折，在 2 层针脚里一起插入钩针。在针头挂线 (Ⓐ) 引拔，再钩 1 针立起的锁针 (Ⓑ)。

在同一个针脚里钩 1 针短针。

簇羽海鹦 图片：p.12 制作方法：p.43

〔 脚的制作方法〕

按相同要领在 2 层针脚里一起挑针钩 3 针短针，这是第 1 行完成后的状态。接着，参照编织图钩织第 2 行。

3cm
1cm 　1cm
1cm

按指定尺寸弯折铁丝塑形。

从脚掌稍上的位置朝脚掌方向绕 2~3 圈线。

绕至脚掌后，再往回朝脚踝方向绕线，用胶水粘牢。

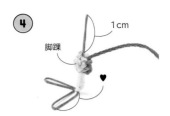

④
脚踝 1cm ♥

将脚踝的小织片绕在指定位置。

⑤

将脚掌的织片放在铁丝的♥部分缝合。

⑥

将稀释2倍后的胶水涂在整个脚上定型。

蝠鲼 图片：p.14 制作方法：p.47

「 尾巴的钩织方法 」

①

将铁丝对折，在弯折处插入钩针，针头挂线后拉出。

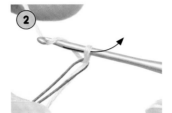

②

接着在针头挂线引拔。

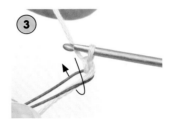

③

引拔后的状态。

④

包住2根铁丝（参照步骤③的箭头），钩1针短针。

⑤

用相同方法接着钩22针短针。

⑥

取下钩针暂停钩织，然后将铁丝穿入主体的指定位置，再往回弯折1cm。

⑦

在刚才休针的线圈里插入钩针，包住弯折后的铁丝再钩7针短针。

⑧

钩织结束时，将线头穿至主体的反面，藏好线头。

裸胸鳝 图片：p.19 制作方法：p.50

「 主体的钩织方法 」

①
头部
下颚

头部、下颚分别对折后做卷针缝合。

② Ⓐ Ⓑ

对齐头部和下颚的指定位置（Ⓐ），缝合（Ⓑ）。

③ Ⓐ Ⓑ

第1行从前面的头部挑取4针，从下颚挑取2针（Ⓐ）。Ⓑ是从上往下看的状态。

④

另一侧也用相同方法挑取6针，这是第1行完成后的状态。接着，参照编织图钩织主体。

真蛸 图片：p.18　制作方法：p.49

主体的钩织方法

①

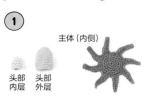

头部内层　头部外层　主体（内侧）

钩织头部内层、头部外层、主体（内侧）。

②

主体（外侧）的第1行，先从头部外层挑取8针钩织短针。

③ Ⓐ Ⓑ

将头部内层塞入头部外层里，从头部内层挑取4针（Ⓐ）。第1行完成后的状态（Ⓑ）。

④

接着，参照编织图钩织主体（外侧）。图片是主体（外侧）完成后的状态。

⑤ Ⓐ 3cm Ⓑ

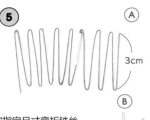

按指定尺寸弯折铁丝（Ⓐ），连接起点与终点塑形（Ⓑ）。

⑥

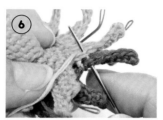

将主体（外侧）与主体（内侧）正面朝外对齐，将塑形后的铁丝夹在中间。

⑦

用卷针缝的方法缝合四周。

⑧

缝合过程中塞入填充棉，这是全部完成后的状态。

鹦鹉螺 图片：p.21　制作方法：p.54

外壳的组合方法

① Ⓐ Ⓑ

将外壳的钩织起点与终点（★与★）弯折对齐（Ⓐ），做卷针缝合（Ⓑ）。

②

卷针缝合后的状态。

③

在外壳中塞入填充棉。

④

在外壳的钩织终点侧缝上头盖。

⑤

缝合后的状态。

⑥

将触手放入外壳中。

⑦

在外壳的里侧和触手上挑针缝合。

缝合后的状态。

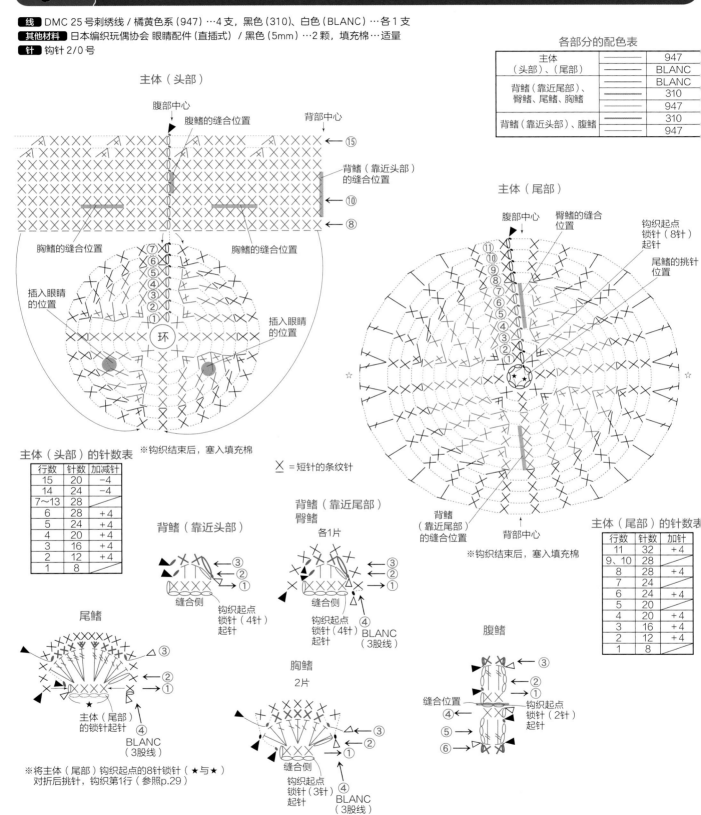

小丑鱼

图片：p.4　重点教程：p.29

线 DMC 25 号刺绣线 / 橘黄色系（947）…4 支，黑色（310）、白色（BLANC）…各 1 支
其他材料 日本编织玩偶协会 眼睛配件（直插式）/ 黑色（5mm）…2 颗，填充棉…适量
针 钩针 2/0 号

各部分的配色表

主体（头部）、（尾部）	———	947
	———	BLANC
背鳍（靠近尾部）、臀鳍、尾鳍、胸鳍	———	BLANC
	———	310
	———	947
背鳍（靠近头部）、腹鳍	———	310
	———	947

主体（头部）

腹部中心
腹鳍的缝合位置
背部中心
背鳍（靠近头部）的缝合位置

胸鳍的缝合位置
插入眼睛的位置
环
胸鳍的缝合位置
插入眼睛的位置

主体（尾部）

腹部中心
臀鳍的缝合位置
钩织起点 锁针（8针）起针
尾鳍的挑针位置

背鳍（靠近尾部）的缝合位置
背部中心

主体（头部）的针数表

行数	针数	加减针
15	20	-4
14	24	-4
7~13	28	
6	28	+4
5	24	+4
4	20	+4
3	16	+4
2	12	+4
1	8	

※钩织结束后，塞入填充棉

✕ ＝短针的条纹针

主体（尾部）的针数表

行数	针数	加减针
11	32	+4
9、10	28	
8	28	+4
7	24	
6	24	+4
5	20	
4	20	+4
3	16	+4
2	12	+4
1	8	

※钩织结束后，塞入填充棉

背鳍（靠近头部）
缝合侧
钩织起点 锁针（4针）起针

背鳍（靠近尾部） 臀鳍
各1片
缝合侧
钩织起点 锁针（4针）起针
BLANC（3股线）

胸鳍
2片
缝合侧
钩织起点 锁针（3针）起针
BLANC（3股线）

腹鳍
缝合位置
钩织起点 锁针（2针）起针

尾鳍
主体（尾部）的锁针起针
BLANC（3股线）

※将主体（尾部）钩织起点的8针锁针（★与★）对折后挑针，钩织第1行（参照p.29）

主体的组合方法

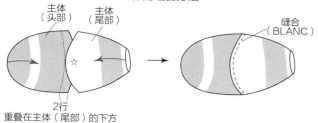

主体
（头部）
主体
（尾部）
缝合
（BLANC）

2行
重叠在主体（尾部）的下方

组合方法

左视图

右视图

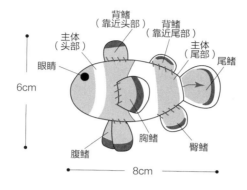

背鳍
（靠近头部）
背鳍
（靠近尾部）
主体
（头部）
眼睛
主体
（尾部）
尾鳍
6cm
腹鳍
胸鳍
臀鳍
8cm

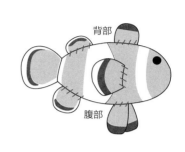

背部
腹部

组合顺序
① 将主体（尾部）的钩织终点套在主体（头部）的钩织终点上缝合。
② 尾鳍是在主体（尾部）钩织起点的锁针上挑针钩织。
③ 分别将背鳍（靠近头部）、背鳍（靠近尾部）、腹鳍、胸鳍、臀鳍缝在主体的指定位置。
④ 在眼睛配件上涂上胶水，插入指定位置固定好。

点斑箱鲀 图片：p.5

线 DMC 25 号刺绣线 / 黄色系（444）…4 支，黑色（310）…1 支，黄色系（445）…0.5 支，黄色系（307）…少量
其他材料 日本编织玩偶协会 眼睛配件（直插式）/ 黑色（6mm）…2 颗，填充棉…适量
针 钩针 2/0 号

组合方法

左视图

右视图

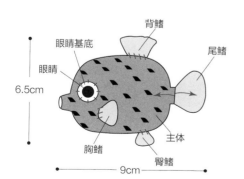

眼睛基底
眼睛
背鳍
尾鳍
6.5cm
胸鳍
主体
臀鳍
9cm

背部
腹部

组合顺序
① 主体在钩织过程中塞入填充棉。
② 尾鳍是在主体钩织起点的锁针上挑针钩织。
③ 分别将背鳍、胸鳍、臀鳍缝在主体的指定位置。
④ 将眼睛基底缝在指定位置。在眼睛配件上涂上胶水，插入眼睛基底的中心固定好。

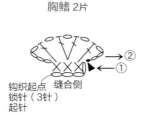

尾鳍
→②
←①
★
主体的
锁针起针

※将主体钩织起点的8针锁针（★与★）
对折后挑针，钩织第1行
（参照p.29"小丑鱼尾部的钩织方法"，按相同要领钩织）

背鳍 1片
胸鳍 2片
→②
←①
缝合侧
钩织起点
锁针（3针）
起针

各部分的配色表

主体		307
		310
		444
尾鳍、背鳍、胸鳍、臀鳍		445
眼睛基底		307

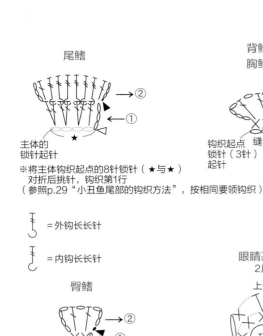

= 外钩长长针

= 内钩长长针

臀鳍
→②
←①
钩织起点　缝合侧
锁针（2针）
起针

眼睛基底
2片
上侧
①
环
②
下侧

主体的针数表

行数	针数	加减针
30	7	
29	7	-3
28	10	-6
27	16	
26	16	-8
25	24	-8
24	32	-8
23	40	-8
10～22	48	
9	48	-4
8	52	+8
7	44	+8
6	36	+8
5	28	+8
4	20	+8
3	12	+4
1、2	8	

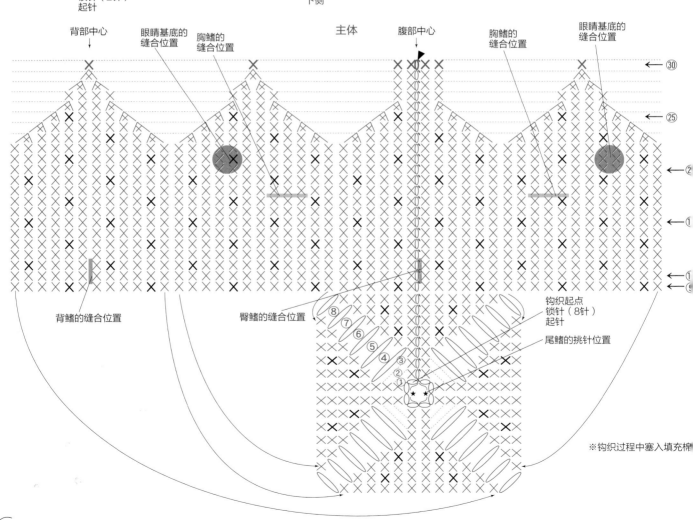

背部中心
眼睛基底的
缝合位置
胸鳍的
缝合位置
主体
腹部中心
胸鳍的
缝合位置
眼睛基底的
缝合位置

←㉚
←㉕

背鳍的缝合位置

臀鳍的缝合位置

⑧
⑦
⑥
⑤
④
③
②
①
★★

钩织起点
锁针（8针）
起针

尾鳍的挑针位置

※钩织过程中塞入填充棉

大斑壁鱼 图片：p.6

线 DMC 25 号刺绣线 / 白色（BLANC）…2.5 支，灰色系（04）、红色系（606）、黄色系（728）、橘黄色系（740）…各 0.5 支
其他材料 日本编织玩偶协会 眼睛配件（直插式）/ 黑色（3mm）…2 颗，填充棉…适量
针 蕾丝针 0 号

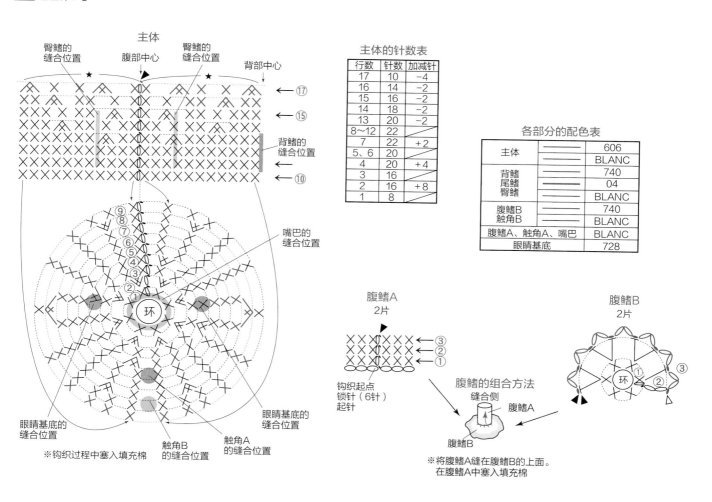

主体

臀鳍的缝合位置　腹部中心　臀鳍的缝合位置　背部中心

背鳍的缝合位置

←⑰
←⑮
←⑩

嘴巴的缝合位置

眼睛基底的缝合位置

触角B的缝合位置　触角A的缝合位置

眼睛基底的缝合位置

※钩织过程中塞入填充棉

主体的针数表

行数	针数	加减针
17	10	-4
16	14	-2
15	16	-2
14	18	-2
13	20	-2
8~12	22	
7	22	+2
5、6	20	
4	20	+4
3	16	
2	16	+8
1	8	

各部分的配色表

主体		606
		BLANC
背鳍尾鳍臀鳍		740
		04
		BLANC
腹鳍B触角B		740
		BLANC
腹鳍A、触角A、嘴巴	BLANC	
眼睛基底	728	

腹鳍A
2片

←③
←②
←①

钩织起点
锁针（6针）
起针

腹鳍B
2片

①②③

腹鳍的组合方法

缝合侧
腹鳍A

腹鳍B

※将腹鳍A缝在腹鳍B的上面。
在腹鳍A中塞入填充棉

尾鳍

→③
→②
→①

钩织起点
锁针（5针）
起针

缝合侧

④

背鳍

←③
←②
←①

④

钩织起点
锁针（5针）
起针

缝合侧

臀鳍
2片

←⑤
→④
→③
→②
←①

钩织起点
锁针（5针）
起针

缝合侧

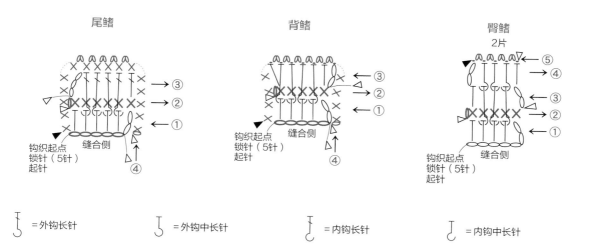

$\big\uparrow$ =外钩长针　　$\big\downarrow$ =外钩中长针　　$\big\uparrow$ =内钩长针　　$\big\downarrow$ =内钩中长针

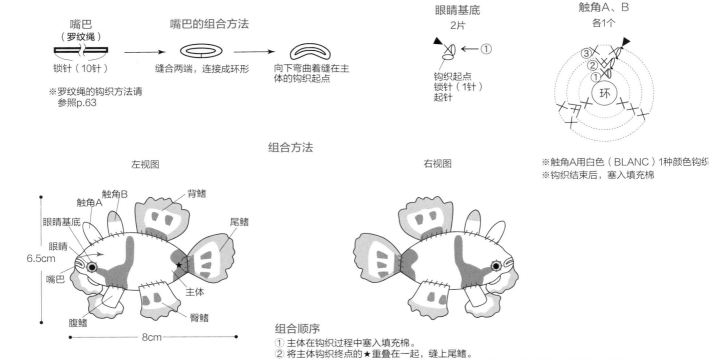

嘴巴
（罗纹绳）

锁针（10针）

嘴巴的组合方法

缝合两端，连接成环形

向下弯曲着缝在主体的钩织起点

※罗纹绳的钩织方法请参照p.63

眼睛基底
2片

钩织起点
锁针（1针）
起针

①

触角A、B
各1个

③
②
①

环

※触角A用白色（BLANC）1种颜色钩织
※钩织结束后，塞入填充棉

组合方法

左视图

触角B
触角A

眼睛基底

眼睛

6.5cm

嘴巴

腹鳍

背鳍

尾鳍

主体

臀鳍

8cm

右视图

组合顺序
① 主体在钩织过程中塞入填充棉。
② 将主体钩织终点的★重叠在一起，缝上尾鳍。
③ 分别将背鳍、腹鳍、臀鳍、触角A、触角B、眼睛基底、嘴巴缝在主体的指定位置。
④ 在眼睛配件上涂上胶水，插入眼睛基底固定好。

圆鳍鱼 图片：p.8

线 DMC 25 号刺绣线 / 浅黄绿色系（10）、绿色系（701）、绿色系（703）…各 1 支，黄绿色系（14）、橘黄色系（3340）、白色（BLANC）…各 0.5 支
其他材料 日本编织玩偶协会 眼睛配件（直插式）/ 黑色（4mm）…2 颗，填充棉…适量
针 蕾丝针 0 号

组合方法

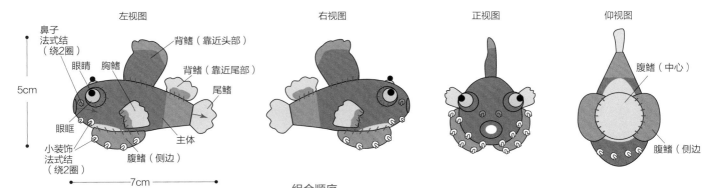

左视图

鼻子
法式结
（绕2圈）

眼睛

胸鳍

5cm

眼眶

小装饰
法式结
（绕2圈）

腹鳍（侧边）

背鳍（靠近头部）

背鳍（靠近尾部）

尾鳍

主体

7cm

右视图

正视图

仰视图

腹鳍（中心）

腹鳍（侧边）

组合顺序
① 主体在钩织过程中塞入填充棉。
② 尾鳍是从主体的指定位置挑针钩织。
③ 将腹鳍（中心）缝在指定位置，然后在两侧缝上腹鳍（侧边）。
④ 分别将胸鳍、背鳍（靠近尾部）、背鳍（靠近头部）缝在主体的指定位置。
⑤ 将眼眶缝在指定位置。在眼睛配件上涂上胶水，插入眼眶的中心固定好。
⑥ 做鼻子和小装饰的法式结（参照p.63）。

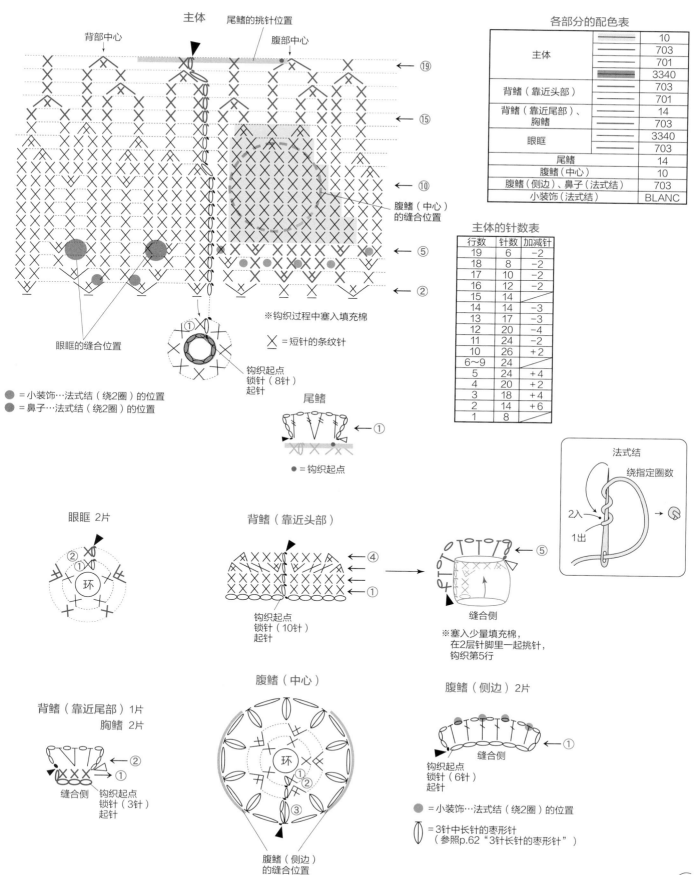

各部分的配色表

主体		10
		703
		701
		3340
背鳍（靠近头部）		703
		701
背鳍（靠近尾部）、胸鳍		14
		703
眼眶		3340
		703
尾鳍		14
腹鳍（中心）		10
腹鳍（侧边）、鼻子（法式结）		703
小装饰（法式结）		BLANC

主体的针数表

行数	针数	加减针
19	6	-2
18	8	-2
17	10	-2
16	12	-2
15	14	
14	14	-3
13	17	-3
12	20	-4
11	24	-2
10	26	+2
6~9	24	
5	24	+4
4	20	+2
3	18	+4
2	14	+6
1	8	

主体

背部中心
尾鳍的挑针位置
腹部中心

※钩织过程中塞入填充棉

✕ = 短针的条纹针

眼眶的缝合位置

● = 小装饰…法式结（绕2圈）的位置
● = 鼻子…法式结（绕2圈）的位置

腹鳍（中心）的缝合位置

钩织起点
锁针（8针）
起针

尾鳍
● = 钩织起点

法式结
绕指定圈数
2入
1出

眼眶 2片
环

背鳍（靠近头部）
钩织起点
锁针（10针）
起针

缝合侧
※塞入少量填充棉，
在2层针脚里一起挑针，
钩织第5行

背鳍（靠近尾部）1片
胸鳍 2片
缝合侧
钩织起点
锁针（3针）
起针

腹鳍（中心）
环
腹鳍（侧边）的缝合位置

腹鳍（侧边）2片
缝合侧
钩织起点
锁针（6针）
起针

● = 小装饰…法式结（绕2圈）的位置

⬭ = 3针中长针的枣形针
（参照p.62"3针长针的枣形针"）

 拟刺尾鲷 图片：p.4

线 DMC 25 号刺绣线 / 蓝色系（996）…3 支，藏青色系（820）…1 支，黄色系（973）…0.5 支
其他材料 日本编织玩偶协会 眼睛配件（直插式）/ 黑色（5mm）…2 颗，填充棉…适量
针 钩针 2/0 号

各部分的配色表

主体左侧、主体右侧、	———	820
臀鳍、背鳍	———	996
尾鳍	———	820
	———	973
胸鳍	———	973
	———	996
腹鳍		996

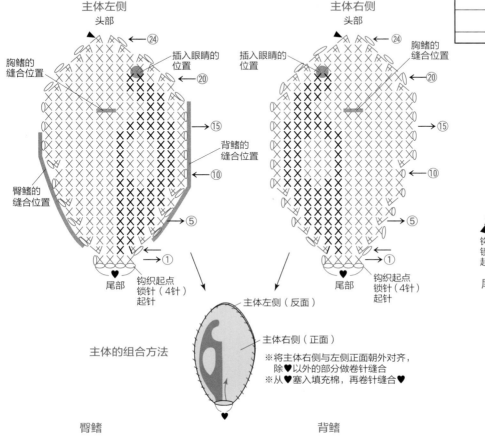

主体左侧
头部

胸鳍的
缝合位置

插入眼睛的
位置

②④

②⓪

①⑤

背鳍的
缝合位置

①⓪

臀鳍的
缝合位置

⑤

尾部

钩织起点
锁针（4针）
起针

主体右侧
头部

胸鳍的
缝合位置

插入眼睛的
位置

②④

②⓪

①⑤

①⓪

⑤

尾部

钩织起点
锁针（4针）
起针

主体的组合方法

主体左侧（反面）

主体右侧（正面）

※将主体右侧与左侧正面朝外对齐，
除♥以外的部分做卷针缝合
※从♥塞入填充棉，再卷针缝合♥

尾鳍
2片

★

⑥
⑤

①

①

钩织起点
锁针（7针）
起针

尾鳍的组合方法

缝合侧

★

对齐2片，
除★以外的部分
做卷针缝合

※卷针缝合的线要与
边缘统一颜色

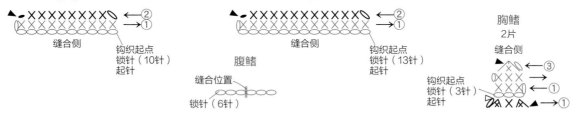

臀鳍

▲ ✕✕✕✕✕✕✕✕✕ ← ②
→ ①

缝合侧

钩织起点
锁针（10针）
起针

背鳍

▲ ✕✕✕✕✕✕✕✕✕✕✕ ← ②
→ ①

缝合侧

钩织起点
锁针（13针）
起针

腹鳍

缝合位置

锁针（6针）

胸鳍
2片

缝合侧

▲ ← ③
← ①

钩织起点
锁针（3针）
起针

→ ①

组合方法

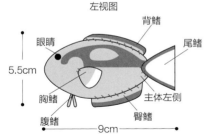

左视图

背鳍

眼睛

尾鳍

5.5cm

胸鳍

腹鳍

臀鳍

主体左侧

9cm

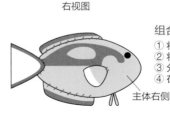

右视图

主体右侧

组合顺序
① 将主体右侧与主体左侧正面朝外对齐，参照上图进行组合。
② 将尾鳍的★部分夹住主体的♥位置缝合。
③ 分别将背鳍、胸鳍、臀鳍、腹鳍缝在主体的指定位置。
④ 在眼睛配件上涂上胶水，插入指定位置固定好。

横带园鳗 图片：p.7 / 花园鳗 图片：p.7

线 横带园鳗：DMC 25号刺绣线 / 茶色系（3820）…1支，米色系（3866）…0.5支；丝光线 / 白色（S5200）…少量

花园鳗：DMC 25号刺绣线 / 米色系（822）…1支，藏青色系（939）…0.5支；丝光线 / 白色（S5200）…少量

其他材料 日本编织玩偶协会 眼睛配件（直插式）/ 黑色（2.5mm）…各2颗，花艺铁丝（#26）…各1根，填充棉…适量

针（通用） 蕾丝针6号，钩针2/0号

横带园鳗的配色表

主体		3866
		3820
胸鳍		S5200（2股线）
底部		3820

花园鳗的配色表

		939
主体		822（6股线）+939（1股线）
		822
胸鳍		S5200（2股线）
底部		822（6股线）+939（1股线）

※（ ）内表示分股线的股数

底部
钩针2/0号

胸鳍 2片
蕾丝针6号

钩织起点
锁针（1针）
起针

缝合侧

组合方法

俯视图

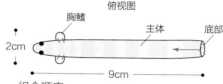

胸鳍　主体　底部

2cm

9cm

组合顺序

① 主体参照组合方法，一边塞入填充棉一边插入铁丝。
② 将主体的钩织终点与底部正面朝外对齐后缝合。
③ 将胸鳍缝在主体的指定位置。
④ 在眼睛配件上涂上胶水，插入指定位置固定好。

主体的组合方法

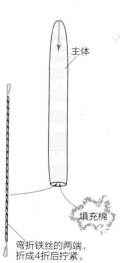

主体

填充棉

弯折铁丝的两端，
折成4折后拧紧。

※在主体中一点点塞入填充棉，
插入拧紧的铁丝

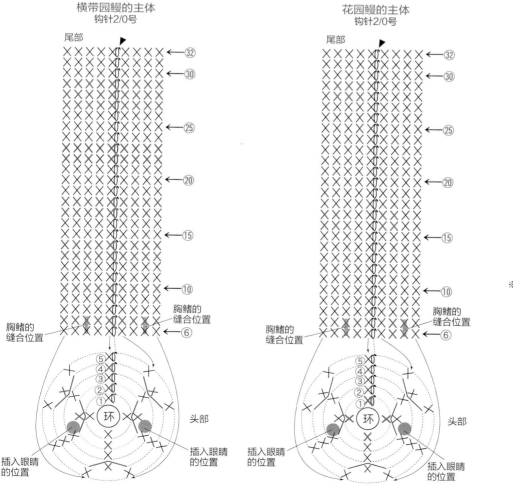

横带园鳗的主体
钩针2/0号

尾部

←32
←30
←25
←20
←15
←10
←6

胸鳍的缝合位置

胸鳍的缝合位置

插入眼睛的位置

插入眼睛的位置

环

头部

花园鳗的主体
钩针2/0号

尾部

←32
←30
←25
←20
←15
←10
←6

胸鳍的缝合位置

胸鳍的缝合位置

插入眼睛的位置

插入眼睛的位置

环

头部

主体的针数表

行数	针数	加针
5~32	9	
4	9	+3
3	6	
2	6	+2
1	4	

线 DMC 25 号刺绣线 / 黄色系（3820）、涩绿色（734）…各 1 支
其他材料 日本编织玩偶协会 眼睛配件（直插式）/ 黑色（2mm）…2 颗，填充棉…适量
针 蕾丝针 0 号

各部分的配色表

主体、眼睛基底	3820
叶片（A、B、C） 直线绣 流苏	734（3股线）

※（ ）内表示分股线的股数

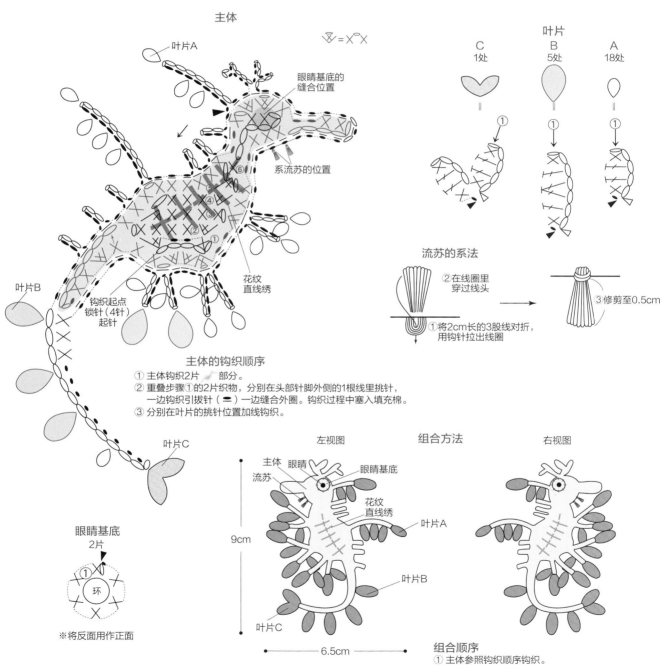

主体

叶片A

眼睛基底的缝合位置

系流苏的位置

⑥ ⑤ ④ ③ ② ①

花纹直线绣

叶片B

钩织起点锁针（4针）起针

叶片C

叶片

C 1处
B 5处
A 18处

①

主体的钩织顺序

① 主体钩织 2 片 部分。
② 重叠步骤①的 2 片织物，分别在头部针脚外侧的 1 根线里挑针，一边钩织引拔针（ ）一边缝合外圈。钩织过程中塞入填充棉。
③ 分别在叶片的挑针位置加线钩织。

流苏的系法

② 在线圈里穿过线头
③ 修剪至 0.5cm
① 将 2cm 长的 3 股线对折，用钩针拉出线圈

眼睛基底

2片

① 环

※将反面用作正面

组合方法

左视图

主体 眼睛 流苏 眼睛基底 花纹直线绣 叶片A 叶片B 叶片C

9cm

6.5cm

右视图

组合顺序

① 主体参照钩织顺序钩织。
② 将流苏系在指定位置。
③ 花纹是在左右两侧做直线绣（参照 p.63）。
④ 将眼睛基底缝在指定位置。在眼睛配件上涂上胶水，插入眼睛基底的中心固定好。

海月水母 图片：p.10

线 DMC 25 号刺绣线 / 白色（BLANC）…0.5 支；金属线 / 白色系珠光（E5200）…3 支，
蓝色系珠光（E747）…0.5 支
针 钩针 3/0 号

各部分的配色表

主体、腕足A、腕足B	E5200
流苏（触手）	E5200（3股线）+E747（1股线）
花纹	BLANC

※（ ）内表示分股线的股数

主体

●=系流苏（触手）的位置

腕足B
的缝合位置（反面）

腕足A
的缝合位置（反面）

花纹的
缝合位置

⑤
④
③
②
①
环

腕足A
的缝合位置（反面）

腕足B
的缝合位置（反面）

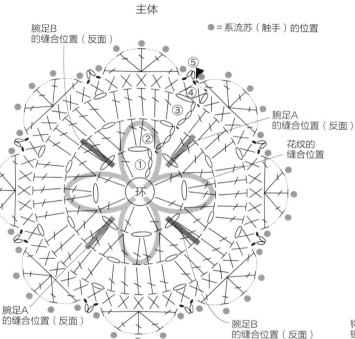

流苏的系法

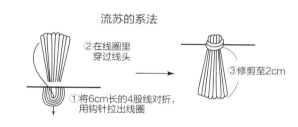

②在线圈里
穿过线头

③修剪至2cm

①将6cm长的4股线对折，
用钩针拉出线圈

腕足A 2条

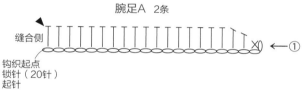

缝合侧

←①

钩织起点
锁针（20针）
起针

腕足B 2条

缝合侧

←①

钩织起点
锁针（20针）
起针

组合方法

侧视图

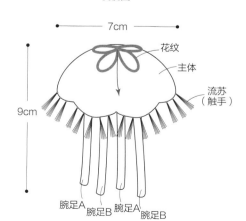

7cm

花纹

主体

流苏
（触手）

9cm

腕足A 腕足B 腕足A 腕足B

花纹 4条

锁针（12针）

组合顺序

① 将腕足A、腕足B缝在主体反面的指定位置。
② 将花纹放在主体的指定位置上，均匀地缝好。
③ 将流苏系在指定位置。

斑海豹 图片：p.11

线 DMC 25 号刺绣线 / 灰色系（762）…3 支，灰色系（04）…1 支，黑色（310）…少量
其他材料 日本编织玩偶协会 眼睛配件（直插式）/ 黑色（3mm）…2 颗，鱼线…8cm×5 根，填充棉…适量
针 蕾丝针 0 号

各部分的配色表

主体、胸鳍、口鼻部	762（5股线）+04（1股线）
直线绣	310（3股线）

※（ ）内表示分股线的股数

主体钩织终点的组合方法

※将主体的钩织终点（第27行
对半压平，做卷针缝合
※在中心做回针绣加以固定
（参照p.63）

胸鳍 2片

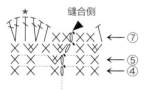

胸鳍的针数表

行数	针数	加针
7	11	+2
6	9	+3
5	6	+1
1～4	5	

口鼻部

※塞入填充棉

主体的针数表

行数	针数	加减针
26、27	10	
25	10	−5
24	15	
23	15	−5
22	20	
21	20	−6
20	26	
19	26	−2
11～18	28	
10	28	+2
7～9	26	
6	26	+4
5	22	
4	22	+4
3	18	+6
2	12	+6
1	6	

※钩织过程中塞入填充棉

胡须

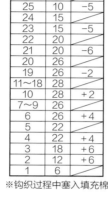

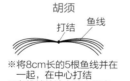

※将8cm长的5根鱼线并在一起，在中心打结
※在线结处涂上胶水固定

主体

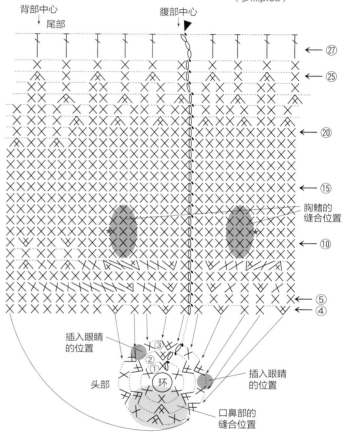

组合方法

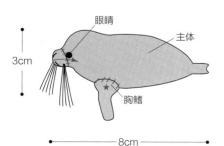

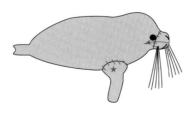

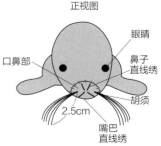

组合顺序

① 主体在钩织过程中塞入填充棉。钩织终点参照图示进行组合。
② 将胸鳍、口鼻部缝在主体的指定位置。
③ 在眼睛配件上涂上胶水，插入指定位置固定好。
④ 鼻子和嘴巴是在口鼻部的指定位置做直线绣（参照p.63）。
⑤ 在指定位置穿入胡须，露出两端。在露出部分涂上胶水定型。将胡须剪至2.5cm。

线 DMC 25 号刺绣线 / 茶色系（3371）…2 支，黑色（310）…1 支，橘黄色系（720）、茶色系（729）、白色（3865）…各 0.5 支，黄色系（3078）…少量

其他材料 日本编织玩偶协会 眼睛配件（直插式）/ 黑色（2.5mm）…2 颗，花艺铁丝（#26）…1 根，填充棉…适量

针 蕾丝针 0 号

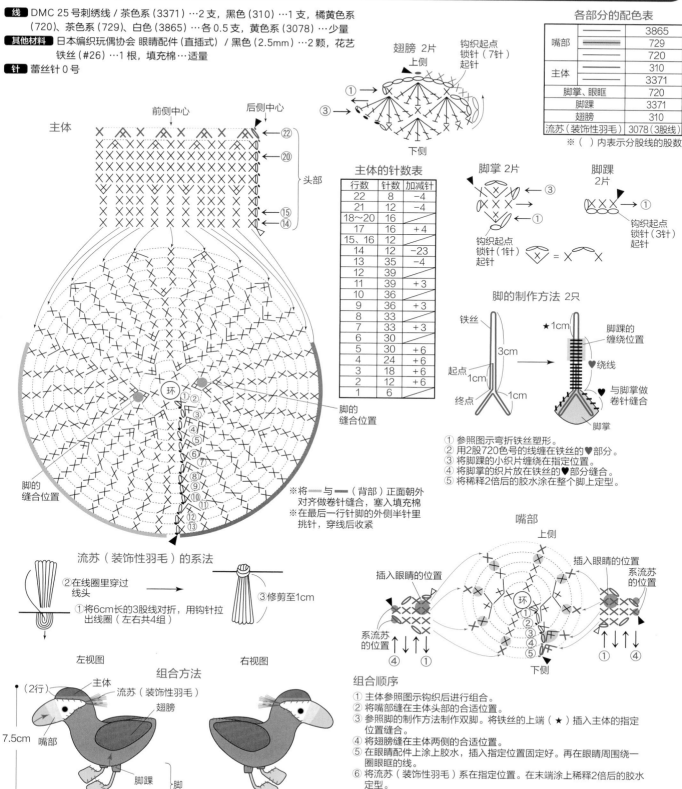

各部分的配色表

	3865
嘴部	729
	720
主体	310
	3371
脚掌、眼眶	720
脚踝	3371
翅膀	310
流苏（装饰性羽毛）	3078（3股线）

※（ ）内表示分股线的股数

翅膀 2片
钩织起点 锁针（7针）起针
上侧
下侧

主体
前侧中心
后侧中心
头部

脚掌 2片
钩织起点 锁针（1针）起针
= ×

脚踝 2片
钩织起点 锁针（3针）起针

主体的针数表

行数	针数	加减针
22	8	-4
21	12	-4
18~20	16	
17	16	+4
15、16	12	
14	12	-23
13	35	-4
12	39	
11	39	+3
10	36	
9	36	+3
8	33	
7	33	+3
6	30	
5	30	+6
4	24	+6
3	18	+6
2	12	+6
1	6	

环
脚的缝合位置
脚的缝合位置

※将 —— 与 —— （背部）正面朝外对齐做卷针缝合，塞入填充棉
※在最后一行针脚的外侧半针里挑针，穿线后收紧

脚的制作方法 2只

铁丝
3cm
起点
终点
1cm
1cm
★1cm
脚踝的缠绕位置
♥绕线
与脚掌做卷针缝合
脚掌

① 参照图示弯折铁丝塑形。
② 用2股720色号的线缠在铁丝的♥部分。
③ 将脚踝的小织片缠绕在指定位置。
④ 将脚掌的织片放在铁丝的♥部分缝合。
⑤ 将稀释2倍后的胶水涂在整个脚上定型。

流苏（装饰性羽毛）的系法

② 在线圈里穿过线头
① 将6cm长的3股线对折，用钩针拉出线圈（左右共4组）
③ 修剪至1cm

嘴部

上侧
插入眼睛的位置
系流苏的位置
环
插入眼睛的位置
系流苏的位置
系流苏的位置
下侧

组合方法

左视图　右视图
（2行）
主体
流苏（装饰性羽毛）
翅膀
嘴部
脚踝
脚掌
脚
7.5cm
7.5cm

组合顺序

① 主体参照图示钩织后进行组合。
② 将嘴部缝在主体头部的合适位置。
③ 参照脚的制作方法制作双脚。将铁丝的上端（★）插入主体的指定位置缝合。
④ 将翅膀缝在主体两侧的合适位置。
⑤ 在眼睛配件上涂上胶水，插入指定位置固定好。再在眼睛周围绕一圈眼眶的线。
⑥ 将流苏（装饰性羽毛）系在指定位置。在末端涂上稀释2倍后的胶水定型。

美洲海牛 图片 : p.13

线 DMC 25 号刺绣线 / 涩绿色系 (3023) …4 支，黑色 (310) …少量
其他材料 日本编织玩偶协会 眼睛配件 (直插式) / 黑色 (2mm) …2 颗，填充棉…适量
针 蕾丝针 0 号

各部分的配色表

主体、胸鳍、尾鳍、口鼻部	3023
直线绣	310 (3股线)
回针绣	310 (1股线)

※ ( ) 内表示分股线的股数

主体的针数表

行数	针数	加减针
33	8	−3
32	11	−2
31	13	−2
30	15	
29	15	−5
28	20	
27	20	−5
25、26	25	
24	25	−5
20~23	30	
19	30	−2
15~18	32	
14	32	+2
10~13	30	
9	30	+4
8	26	+2
7	24	
6	24	+4
5	20	+4
4	16	
3	16	+4
2	12	+6
1	6	

※钩织过程中塞入填充棉
※将钩织终点对半压平

主体

背部中心
腹部中心
尾部
头部

胸鳍的缝合位置 ←⑮
褶皱 回针绣 ←⑩
←⑤
←④
插入眼睛的位置
插入眼睛的位置
口鼻部的缝合位置

←㉝
←㉚
←㉕
←⑳

口鼻部

钩织起点 锁针 (5针) 起针
鼻子 直线绣

※塞入填充棉

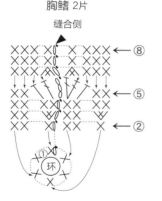

胸鳍 2片
缝合侧
←⑧
←⑤
←②
环

胸鳍的针数表

行数	针数	加减针
7、8	8	
6	8	−2
5	10	+2
4	8	
3	8	+2
2	6	
1	6	

※将钩织终点对半压平

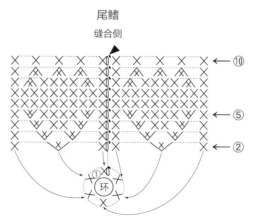

尾鳍
缝合侧
←⑩
←⑤
←②
环

尾鳍的针数表

行数	针数	加减针
10	10	
9	10	−6
8	16	−4
6、7	20	
5	20	+4
4	16	+4
3	12	+4
2	8	+2
1	6	

※将钩织终点对半压平，与主体的钩织终点做卷针缝合

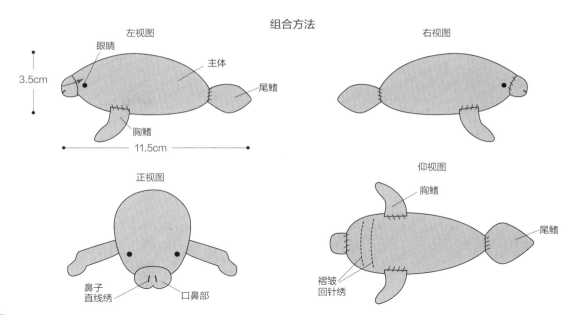

组合方法

左视图
眼睛
主体
尾鳍
胸鳍
3.5cm
11.5cm

右视图

正视图
鼻子
直线绣
口鼻部

仰视图
胸鳍
尾鳍
褶皱
回针绣

组合顺序
① 主体在钩织过程中塞入填充棉。将钩织终点对半压平。
尾鳍将钩织终点对半压平，与主体的钩织终点做卷针缝合。
② 将胸鳍、口鼻部缝在主体的指定位置。
③ 在眼睛配件上涂上胶水，插入指定位置固定好。
④ 鼻子是在口鼻部做直线绣，褶皱是在主体上做回针绣（参照p.63）。

 鲸鲨 图片：p.15

线 DMC 25 号刺绣线 / 灰色系（413）、白色（BLANC）…各 3 支，灰色系（01）…1 支，
黑色（310）…少量
其他材料 日本编织玩偶协会 眼睛配件（直插式）/ 黑色（3.5mm）…2 颗，填充棉…适量
针 蕾丝针 0 号

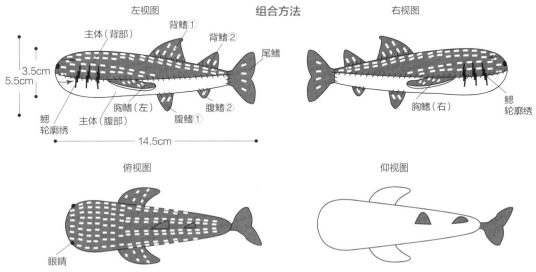

左视图
组合方法
右视图
主体（背部）
背鳍①
背鳍②
尾鳍
3.5cm
5.5cm
鳃
轮廓绣
胸鳍（左）
主体（腹部）
腹鳍①
腹鳍②
14.5cm
胸鳍（右）
鳃
轮廓绣

俯视图
眼睛

仰视图

组合顺序
① 将主体（背部）与主体（腹部）正面朝外对齐做卷针缝合，中途塞入填充棉。
② 钩织胸鳍A与胸鳍B，参照胸鳍的组合方法制作左右两侧的胸鳍。
③ 分别将尾鳍、背鳍①、背鳍②、腹鳍①、腹鳍②、胸鳍（右）、胸鳍（左）缝在主体的指定位置。
④ 在眼睛配件上涂上胶水，插入指定位置固定好。
⑤ 鳃是在主体两侧的合适位置做轮廓绣（参照p.63）。

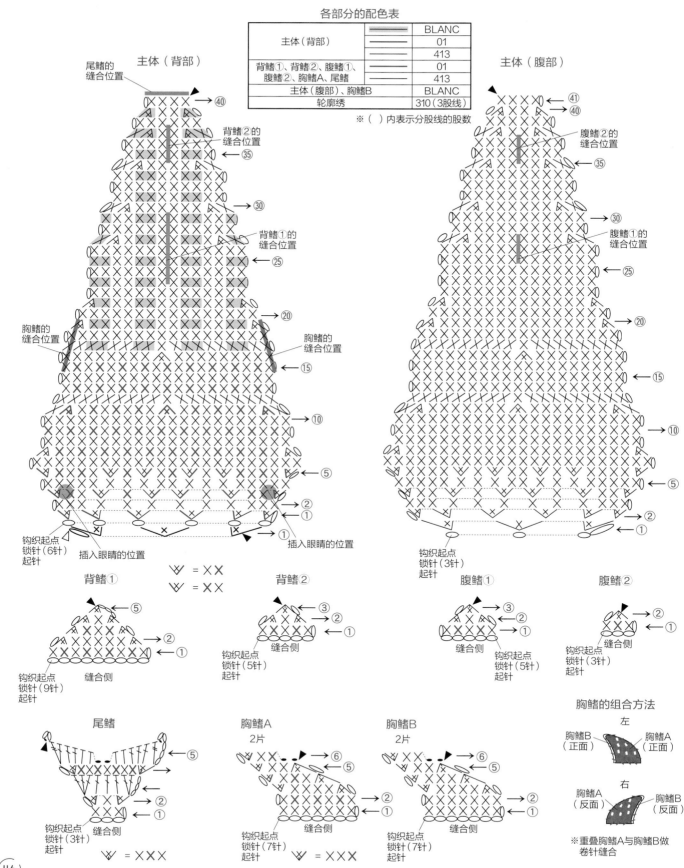

各部分的配色表

主体（背部）	▬▬▬		BLANC
	———		01
	———		413
背鳍①、背鳍②、腹鳍①、腹鳍②、胸鳍A、尾鳍	———		01
	———		413
主体（腹部）、胸鳍B			BLANC
轮廓绣			310（3股线）

※（ ）内表示分股线的股数

主体（背部）

尾鳍的缝合位置

背鳍②的缝合位置

背鳍①的缝合位置

胸鳍的缝合位置

胸鳍的缝合位置

钩织起点
锁针（6针）
起针

插入眼睛的位置

插入眼睛的位置

主体（腹部）

腹鳍②的缝合位置

腹鳍①的缝合位置

钩织起点
锁针（3针）
起针

背鳍①

𝗪 = ✕✕
𝗪 = ✕✕

钩织起点
锁针（9针）
起针

缝合侧

背鳍②

缝合侧

钩织起点
锁针（5针）
起针

腹鳍①

缝合侧

钩织起点
锁针（5针）
起针

腹鳍②

缝合侧

钩织起点
锁针（3针）
起针

尾鳍

钩织起点
锁针（3针）
起针

缝合侧

𝗪 = ✕✕✕

胸鳍A
2片

缝合侧

钩织起点
锁针（7针）
起针

𝗪 = ✕✕✕

胸鳍B
2片

缝合侧

钩织起点
锁针（7针）
起针

胸鳍的组合方法

左

胸鳍B（正面）   胸鳍A（正面）

右

胸鳍A（反面）   胸鳍B（反面）

※重叠胸鳍A与胸鳍B做卷针缝合

线 DMC 25 号刺绣线 / 黑色（310）、白色（B5200）…各 1.5 支，灰色系（168）…0.5 支

其他材料 日本编织玩偶协会 眼睛配件（直插式）/ 黑色（4mm）…2 颗，花艺铁丝（#26）…
1 根，填充棉…适量

针 蕾丝针 0 号

各部分的配色表

主体（背部）		168
		B5200
		310
主体（腹部）、头鳍		168
		B5200
背鳍、尾巴、边缘钩织		310
直线绣		310（4股线）

※（ ）内表示分股线的股数

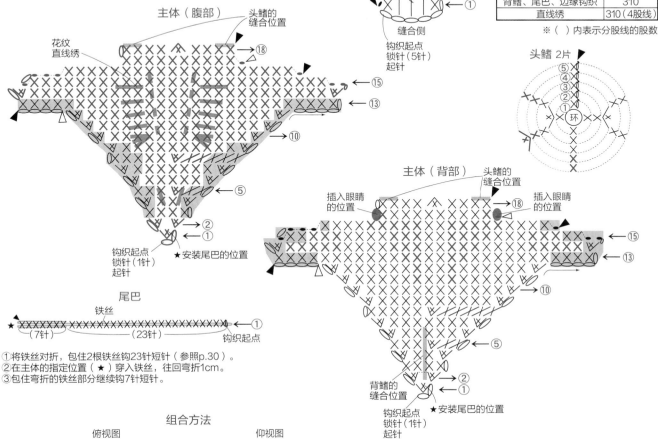

主体（腹部）

头鳍的缝合位置

花纹直线绣

钩织起点 锁针（1针）起针

★安装尾巴的位置

背鳍

缝合侧

钩织起点 锁针（5针）起针

头鳍 2片

环

主体（背部）

头鳍的缝合位置

插入眼睛的位置

插入眼睛的位置

背鳍的缝合位置

钩织起点 锁针（1针）起针

★安装尾巴的位置

尾巴

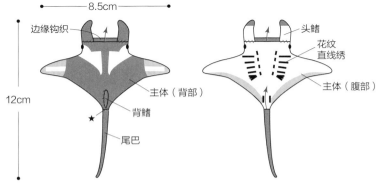

铁丝

（7针）　（23针）

钩织起点

①将铁丝对折，包住2根铁丝钩23针短针（参照p.30）。
②在主体的指定位置（★）穿入铁丝，往回弯折1cm。
③包住弯折的铁丝部分继续钩7针短针。

组合方法

俯视图　　　　　仰视图

8.5cm

边缘钩织

主体（背部）

背鳍

尾巴

12cm

头鳍

花纹直线绣

主体（腹部）

组合顺序
①主体（背部）与主体（腹部）参照组合方法进行组合。
②将头鳍和背鳍缝在指定位置。
③主体（腹部）的花纹是在指定位置做直线绣（参照p.63）。
④将尾巴安装在主体的指定位置。
⑤在眼睛配件上涂上胶水，插入指定位置固定好。

主体（背部）与主体（腹部）的组合方法

主体（腹部）

主体（背部）

※将主体（背部）与主体（腹部）正面朝外对齐，使用与背部相同颜色的3股线卷针缝合四周（除头部以外）
※缝合过程中塞入填充棉

边缘钩织

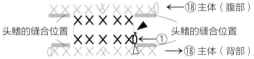

头鳍的缝合位置

头鳍的缝合位置

主体（腹部）

主体（背部）

※对齐主体（背部）与主体（腹部），缝上头鳍后，再钩1行边缘

虎鲸 图片：p.16

线 DMC 25 号刺绣线 / 黑色（310）…2 支，白色（B5200）…1 支
其他材料 日本编织玩偶协会 眼睛配件（直插式）/ 黑色（3.5mm）…2 颗，填充棉…适量
针 蕾丝针 0 号

主体的针数表

行数	针数	加减针
28～30	8	
27	8	−7
26	15	
25	15	−4
24	19	
23	19	−2
21、22	21	
20	21	−2
19	23	
18	23	−1
16、17	24	
15	24	+2
9～14	22	
8	22	+2
5～7	20	
4	20	+8
3	12	+3
2	9	+3
1	6	

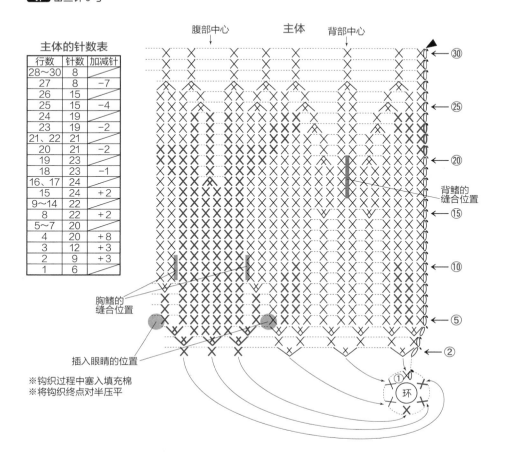

腹部中心　主体　背部中心

背鳍的缝合位置

胸鳍的缝合位置

插入眼睛的位置

※钩织过程中塞入填充棉
※将钩织终点对半压平

各部分的配色表

主体		310
		B5200
尾鳍、背鳍、胸鳍		310

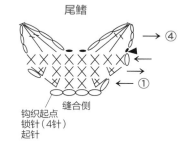

尾鳍

缝合侧
钩织起点
锁针（4针）
起针

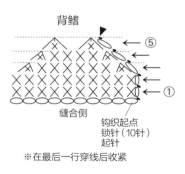

背鳍

缝合侧
钩织起点
锁针（10针）
起针

※在最后一行穿线后收紧

胸鳍 2片

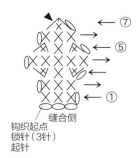

缝合侧
钩织起点
锁针（3针）
起针

组合方法

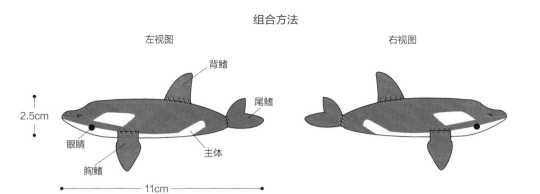

左视图　　　　　右视图

背鳍　　尾鳍

眼睛

胸鳍　　主体

2.5cm

11cm

组合顺序

① 主体在钩织过程中塞入填充棉。将钩织终点对半压平。
　再将尾鳍与主体的钩织终点做卷针缝合。
② 将背鳍、胸鳍缝在主体的指定位置。
③ 在眼睛配件上涂上胶水，插入指定位置固定好。

真蛸 图片：p.18 重点教程：p.31

线 DMC 25 号刺绣线 / 茶色系 (922)…1.5 支，茶色系 (975)、浅粉色系 (3771)…各 1 支，
白色 (3865)…0.5 支，黑色 (310)…少量

其他材料 花艺铁丝 (#26)…2 根，填充棉…适量

针 蕾丝针 0 号

各部分的配色表

头部外层、主体（外侧）、眼眶	922（5股线）+975（1股线）
头部内层、主体（内侧）	3771
法式结粒绣	3865（3股线）
直线绣	310（2股线）

※（ ）内表示分股线的股数

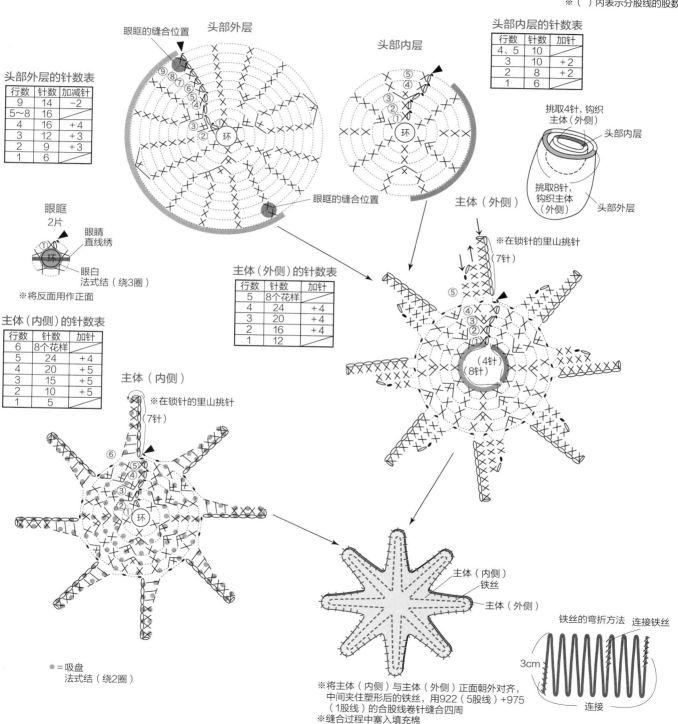

头部内层的针数表

行数	针数	加针
4、5	10	
3	10	+2
2	8	+2
1	6	

头部外层的针数表

行数	针数	加减针
9	14	-2
5~8	16	
4	16	+4
3	12	+3
2	9	+3
1	6	

头部外层
眼眶的缝合位置
头部内层
眼眶的缝合位置

挑取4针，钩织
主体（外侧）
头部内层
挑取8针，
钩织主体
（外侧）
头部外层

眼眶
2片

眼睛
直线绣
眼白
法式结（绕3圈）

※将反面用作正面

主体（外侧）的针数表

行数	针数	加针
5	8个花样	
4	24	+4
3	20	+4
2	16	+4
1	12	

主体（内侧）的针数表

行数	针数	加针
6	8个花样	
5	24	+4
4	20	+5
3	15	+5
2	10	+5
1	5	

主体（外侧）
※在锁针的里山挑针
（7针）
（4针）
（8针）

主体（内侧）
※在锁针的里山挑针
（7针）

● = 吸盘
法式结（绕2圈）

主体（内侧）
铁丝
主体（外侧）

铁丝的弯折方法
连接铁丝
3cm
连接

※将主体（内侧）与主体（外侧）正面朝外对齐，
中间夹住塑形后的铁丝，用922（5股线）+975
（1股线）的合股线卷针缝合四周
※缝合过程中塞入填充棉

49

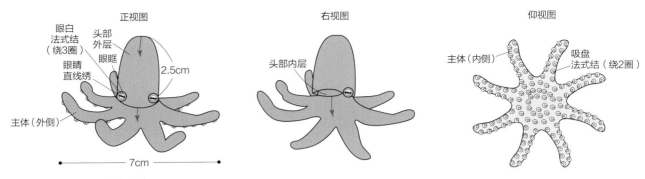

正视图　　　　　　　　右视图　　　　　　　　仰视图

眼白
法式结
（绕3圈）
眼睛
直线绣
眼眶
头部
外层
2.5cm
头部内层
主体（外侧）
主体（内侧）
吸盘
法式结（绕2圈）

—— 7cm ——

组合顺序

① 头部内层、头部外层、主体（外侧）、主体（内侧）参照p.49钩织后进行组合。
② 为了使主体（内侧）的中心凹进去，在中间穿入线，拉动线使其向内凹。
③ 吸盘是在指定位置做法式结（参照p.63）。
④ 将眼眶缝在指定位置，再在上面做眼白的法式结和眼睛的直线绣（参照p.63）。

裸胸鳝　图片：p.19　重点教程：p.30

■**线** DMC 25 号刺绣线／茶色系（839）…2 支，黄色系（3822）…1.5 支，米色系（712）…少量
■**其他材料** 日本编织玩偶协会 眼睛配件（直插式）／黑色（2mm）…2 颗，花艺铁丝（#26）…15cm，填充棉…适量
■**针** 蕾丝针 0 号

各部分的配色表

主体		839
		3822（4股线）+839（2股线）
头部、下颚		3822（4股线）+839（2股线）
眼白		712（2股线）

※（ ）内表示分股线的股数

※仅第3行用712（3股线）

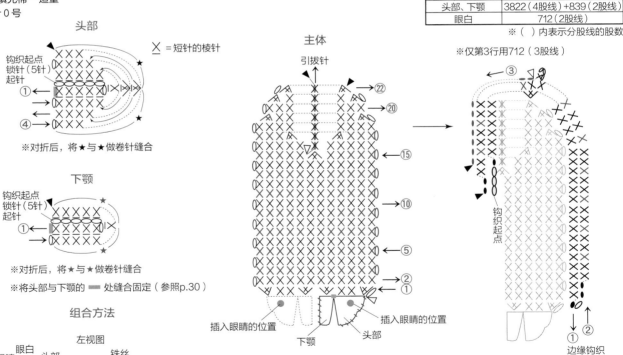

头部

钩织起点
锁针（5针）
起针
①

✕ = 短针的棱针

※对折后，将★与★做卷针缝合

下颚

钩织起点
锁针（5针）
起针
①

※对折后，将★与★做卷针缝合

※将头部与下颚的 ▬▬ 处缝合固定（参照p.30）

主体

引拔针
㉒ ⑳ ⑮ ⑩ ⑤ ② ①

插入眼睛的位置
下颚　头部
插入眼睛的位置

钩织起点

③
钩织起点
①②
边缘钩织

组合方法

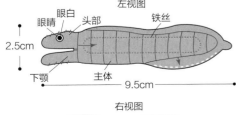

左视图

眼白
眼睛
头部
铁丝
2.5cm
下颚
主体
—— 9.5cm ——

右视图

组合顺序

① 分别钩织头部和下颚，再将★与★做卷针缝合。
② 将头部与下颚的 ▬▬ 处缝合固定。
③ 从头部、下颚挑针，钩织主体。
④ 从主体的第16行往上钩织引拔针。
⑤ 将步骤④的主体纵向对折，钩织边缘。
　此时，臀鳍一侧从引拔针上挑针，背部重叠针脚一起挑针钩织。
　钩织第1行的中途塞入弯折成环形的铁丝和填充棉。
　参照图示，接着钩织第2、3行。再将钩织起点的 ∞ 缝在主体上。
⑥ 在眼睛配件上涂上胶水，插入指定位置固定好。再在眼睛周围缠上眼白的线。

50

印太江豚 图片：p.17

线 DMC 25 号刺绣线 / 灰色系（02）…3.5 支，黑色（310）…少量
其他材料 日本编织玩偶协会 眼睛配件（直插式）/ 黑色（2mm）…2 颗，填充棉…适量
针 蕾丝针 0 号

主体的针数表

行数	针数	加减针
35	8	
34	8	-4
33	12	
32	12	-4
31	16	
30	16	-4
29	20	
28	20	-4
22~27	24	
21	24	-4
15~20	28	
14	28	+4
10~13	24	
9	24	+4
6~8	20	
5	20	+4
4	16	
3	16	+4
2	12	+6
1	6	

※钩织过程中塞入填充棉
※将钩织终点对半压平

各部分的配色表

主体、胸鳍、尾鳍	02
回针绣	310（3股线）

※（ ）内表示分股线的股数

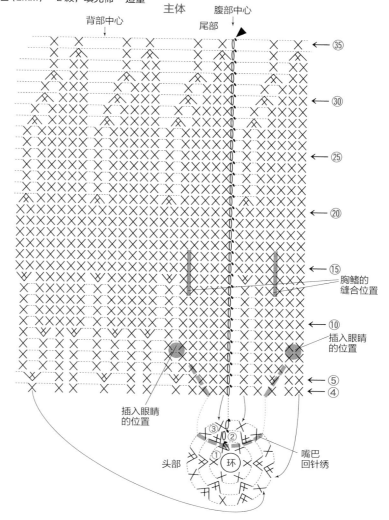

主体
背部中心　尾部　腹部中心
←㉟
←㉚
←㉕
←⑳
←⑮　胸鳍的缝合位置
←⑩　插入眼睛的位置
←⑤
←④
插入眼睛的位置
③②①环
头部　嘴巴回针绣

胸鳍 2片

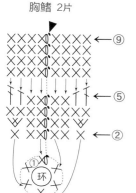

←⑨
←⑤
←②
①环

胸鳍的针数表

行数	针数	加针
4~9	8	
3	8	+2
1、2	6	

※将钩织终点对半压平

尾鳍

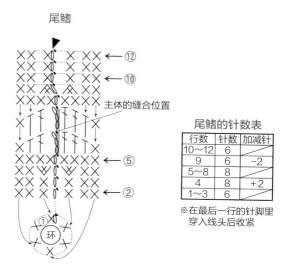

←⑫
←⑩
主体的缝合位置
←⑤
←②
①环

尾鳍的针数表

行数	针数	加减针
10~12	6	
9	6	-2
5~8	8	
4	8	+2
1~3	6	

※在最后一行的针脚里穿入线头后收紧

組合方法

左视图

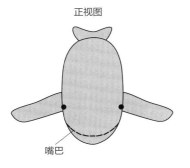

3cm

主体

尾鳍

眼睛

胸鳍

11cm

右视图

正视图

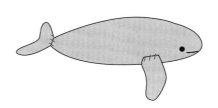

嘴巴

组合顺序

① 主体在钩织过程中塞入填充棉。将钩织终点对半压平。
　尾鳍在最后一行的针脚里穿线后收紧。
　再将尾鳍的指定位置与主体的钩织终点做卷针缝合。
② 将胸鳍缝在主体的指定位置。
③ 在眼睛配件上涂上胶水，插入指定位置固定好。
④ 嘴巴是在指定位置做回针绣（参照p.63）。

大王乌贼 图片：p.20

线 DMC 25 号刺绣线 / 粉红色系（3350）…2 支，米色系（712）…1.5 支，灰色系（453）、
　　紫红色系（3685）…各 0.5 支

其他材料 日本编织玩偶协会 眼睛配件（直插式）/ 黑色（3mm）…2 颗

针 蕾丝针 2 号，钩针 2/0 号

组合方法

正视图

后视图

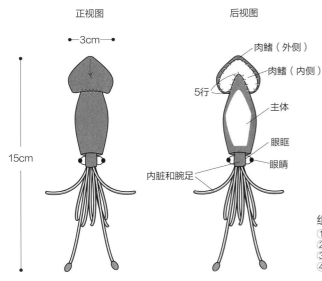

3cm

15cm

肉鳍（外侧）

肉鳍（内侧）

5行

主体

眼眶

眼睛

内脏和腕足

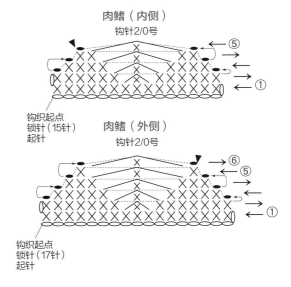

肉鳍（内侧）
钩针2/0号

钩织起点
锁针（15针）
起针

肉鳍（外侧）
钩针2/0号

钩织起点
锁针（17针）
起针

组合顺序

① 将肉鳍（内侧）重叠在肉鳍（外侧）上缝合四周，再与主体缝合。
② 内脏和腕足参照图示进行组合。
③ 将眼眶缝在内脏和腕足的指定位置。在眼睛配件上涂上胶水，插入眼眶的中心固定好。
④ 将内脏和腕足的内脏部分塞入主体。

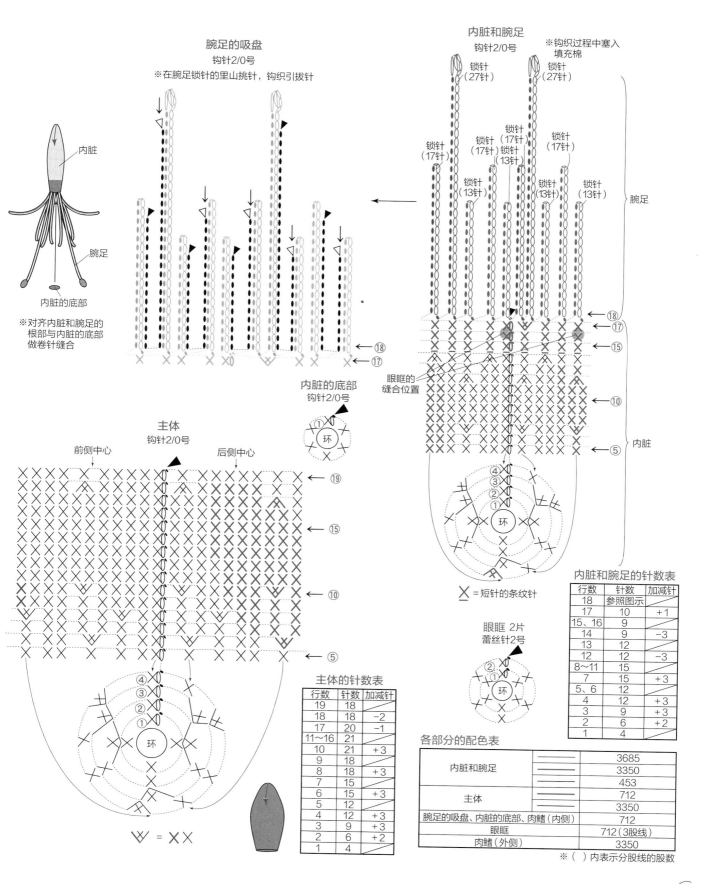

腕足的吸盘
钩针2/0号
※在腕足锁针的里山挑针，钩织引拔针

内脏和腕足
钩针2/0号
※钩织过程中塞入填充棉

锁针（27针）
锁针（27针）
锁针（17针）
锁针（17针）
锁针（17针）
锁针（13针）
锁针（13针）
锁针（17针）
锁针（13针）
锁针（13针）

腕足
内脏

内脏
腕足
内脏的底部
※对齐内脏和腕足的根部与内脏的底部做卷针缝合

眼眶的缝合位置

内脏的底部
钩针2/0号

主体
钩针2/0号

前侧中心
后侧中心

⨉ = 短针的条纹针

眼眶 2片
蕾丝针2号

环

主体的针数表

行数	针数	加减针
19	18	
18	18	-2
17	20	-1
11~16	21	
10	21	+3
9	18	
8	18	+3
7	15	
6	15	+3
5	12	
4	12	+3
3	9	+3
2	6	+2
1	4	

W = ⨉⨉

内脏和腕足的针数表

行数	针数	加减针
18	参照图示	
17	10	+1
15、16	9	
14	9	-3
13	12	
12	12	-3
8~11	15	
7	15	+3
5、6	12	
4	12	+3
3	9	+3
2	6	+2
1	4	

各部分的配色表

内脏和腕足			3685
			3350
			453
主体			712
			3350
腕足的吸盘、内脏的底部、肉鳍（内侧）			712
眼眶			712（3股线）
肉鳍（外侧）			3350

※（ ）内表示分股线的股数

鹦鹉螺 图片：p.21　重点教程：p.31

线 DMC 25 号刺绣线 / 米色系（3866）…2 支，茶色系（920）…1 支，茶色系（834）…0.5 支
其他材料 日本编织玩偶协会 眼睛配件（直插式）/ 黑色（2mm）…2 颗，填充棉…适量
针 钩针 2/0 号

各部分的配色表

外壳		920	
		3866（3股线）+834（3股线）	
		3866	
触手、眼眶	3866		
头盖	920		
平针绣	3866		

※（ ）内表示分股线的股数

外壳

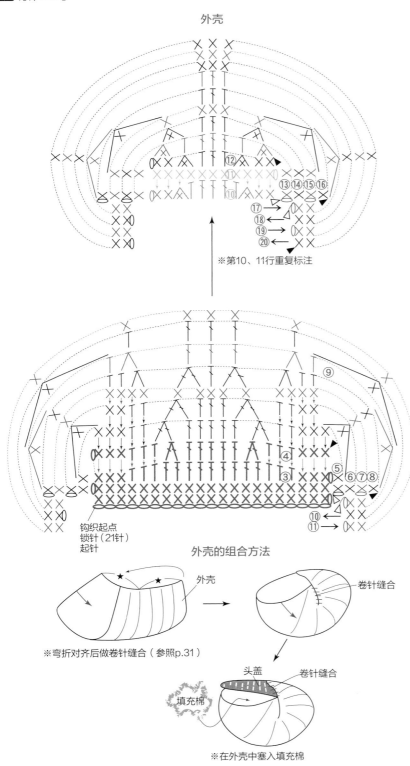

※第10、11行重复标注

钩织起点
锁针（21针）
起针

外壳的组合方法

外壳

卷针缝合

※弯折对齐后做卷针缝合（参照p.31）

头盖

卷针缝合

填充棉

※在外壳中塞入填充棉

触手

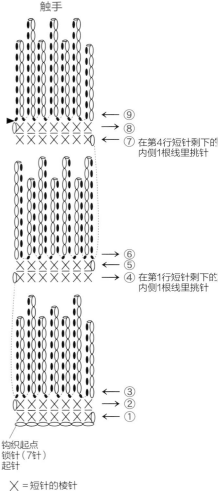

← ⑨
→ ⑧
← ⑦ 在第4行短针剩下的
　　内侧1根线里挑针

→ ⑥
← ⑤
→ ④ 在第1行短针剩下的
　　内侧1根线里挑针

← ③
→ ②
← ①

钩织起点
锁针（7针）
起针

✕ ＝短针的棱针

眼眶 2片

环

头盖

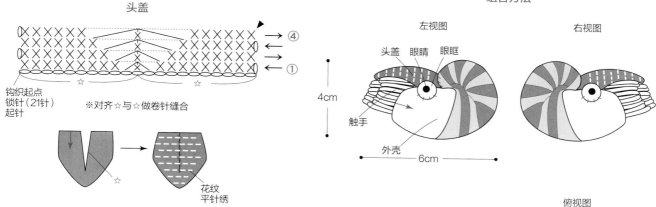

钩织起点
锁针（21针）
起针

※对齐☆与☆做卷针缝合

花纹
平针绣

组合方法

左视图　　　　右视图

俯视图

头盖　眼睛　眼眶

触手

外壳

— 6cm —

4cm

头盖

外壳

平针绣

6入
5出　4入　2入
　　　3出　1出

组合顺序
① 外壳参照图示钩织，参照外壳的组合方法（p.31）进行组合。
② 钩织并组合头盖。再在上面用平针绣绣出花纹。
③ 将头盖缝在外壳上。
④ 将触手放入外壳中，在内侧挑针缝合。
⑤ 将眼眶缝在合适的位置。在眼睛配件上涂上胶水，插入眼眶的中心固定好。

扁面蛸　图片：p.22

线 DMC 25 号刺绣线／茶色系（402）…2.5 支，橘黄色系（721）…1.5 支，黑色（310）…少量
其他材料 填充棉…适量
针 蕾丝针 0 号

眼眶　2片

眼睛
直线绣

耳鳍　2片

缝合位置

钩织起点
锁针（3针）
起针

各部分的配色表

主体（上部）、眼眶、耳鳍	402
主体（下部）	721
直线绣	310（3股线）

※（）内表示分股线的股数

组合方法

正视图

3.5cm

耳鳍
眼眶
主体（上部）

眼睛
直线绣

— 7cm —

仰视图

主体（下部）

组合顺序
① 主体（上部）与主体（下部）参照组合方法进行组合。
② 将眼眶和耳鳍缝在指定位置。
③ 眼睛是在眼眶的指定位置做直线绣（参照p.63）。

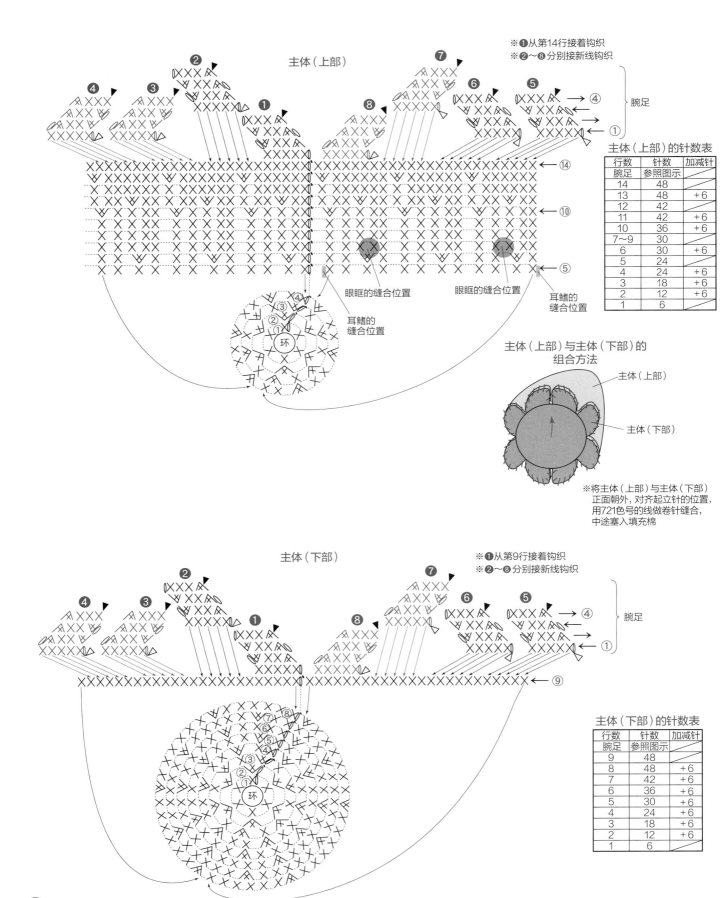

主体（上部）

※❶从第14行接着钩织
※❷～❽分别接新线钩织

腕足

眼眶的缝合位置

眼眶的缝合位置

耳鳍的缝合位置

耳鳍的缝合位置

环

主体（上部）的针数表

行数	针数	加减针
腕足	参照图示	
14	48	
13	48	+6
12	42	
11	42	+6
10	36	+6
7～9	30	
6	30	+6
5	24	
4	24	+6
3	18	+6
2	12	+6
1	6	

主体（上部）与主体（下部）的组合方法

主体（上部）

主体（下部）

※将主体（上部）与主体（下部）
正面朝外，对齐起立针的位置，
用721色号的线做卷针缝合，
中途塞入填充棉

主体（下部）

※❶从第9行接着钩织
※❷～❽分别接新线钩织

腕足

环

主体（下部）的针数表

行数	针数	加减针
腕足	参照图示	
9	48	
8	48	+6
7	42	+6
6	36	+6
5	30	+6
4	24	+6
3	18	+6
2	12	+6
1	6	

月鱼 图片：p.23

线 DMC 25 号刺绣线 / 灰色系 (03)、红色系 (606) …各 1 支，橘黄色系 (3340)、白色 (B5200) …各 0.5 支；金属线 / 银色系珠光 (E415) …1 支

其他材料 日本编织玩偶协会 眼睛配件 (直插式) / 黑色 (3.5mm) …2 颗，填充棉…适量

针 蕾丝针 0 号

各部分的配色表

主体		606
		B5200
		03（3股线）＋E415（3股线）
眼眶		3340
		E415（3股线）
背鳍（靠近尾部）、背鳍（靠近头部）、尾鳍、胸鳍、腹鳍、臀鳍、嘴巴		606
定线绣		3340

※（ ）内表示分股线的股数

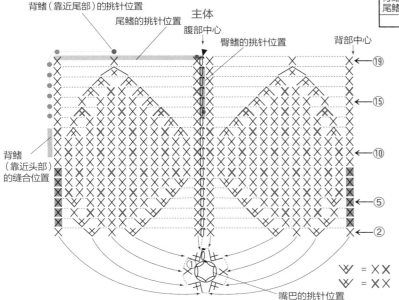

主体

背鳍（靠近尾部）的挑针位置
尾鳍的挑针位置
腹部中心
臀鳍的挑针位置
背部中心

背鳍（靠近头部）的缝合位置

嘴巴的挑针位置

Ｗ = ×× 　Ｗ = ××

主体的针数表

行数	针数	加减针
19	6	
18	6	−2
17	8	−4
16	12	−4
15	16	−2
14	18	−4
13	22	−2
12	24	−4
8~11	28	
7	28	＋2
6	26	＋2
5	24	＋4
4	20	＋2
3	18	＋4
2	14	＋4
1	10	

※钩织过程中塞入填充棉
※将钩织终点对半压平

眼眶
2 片

臀鳍

● = 钩织起点

背鳍（靠近尾部）

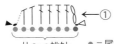

从 ●→● 挑针
● = 尾鳍的挑针位置
● = 钩织起点

背鳍（靠近头部）

缝合侧
钩织起点
锁针（10针）
起针

腹鳍
2 片

缝合侧
钩织起点
锁针（11针）
起针

尾鳍

● = 钩织起点

嘴巴

主体
钩织起点的锁针

胸鳍
2 片

缝合侧
钩织起点
锁针（8针）
起针

组合方法

左视图　　　右视图

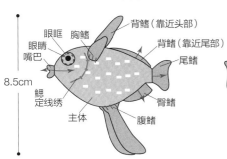

眼眶
眼睛
嘴巴
胸鳍
背鳍（靠近头部）
背鳍（靠近尾部）
尾鳍
臀鳍
主体
腹鳍
鳃
定线绣

8.5cm

7cm

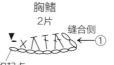

定线绣

B ———— A
2入
3出　1出

组合顺序

① 主体在钩织过程中塞入填充棉。
② 尾鳍、臀鳍、背鳍（靠近尾部）、嘴巴分别从主体的指定位置挑针钩织。
③ 将背鳍（靠近头部）、胸鳍、腹鳍缝在主体的指定位置。
④ 鳃是在合适的位置做定线绣。
⑤ 将眼眶缝在指定的位置。在眼睛配件上涂上胶水，插入眼眶的中心固定好。

57

皇带鱼 图片：p.24

- **线** DMC 25 号刺绣线 / 灰色系（01）、灰色系（03）、灰色系（168）、灰色系（317）、红色系（349）、黑色（310）…各 1 支
- **其他材料** 日本编织玩偶协会 眼睛配件（直插式）/ 黑色（2mm）…2 颗，花艺铁丝（#22）…1 根，串珠铁丝（#31）…3 根，填充棉…适量
- **针** 蕾丝针 4 号，钩针 2/0 号

各部分的配色表

主体		349
		03
		317
		168
		01
胸鳍、背鳍		349（2股线）
流苏		349
轮廓绣		310（1股线）

※（ ）内表示分股线的股数

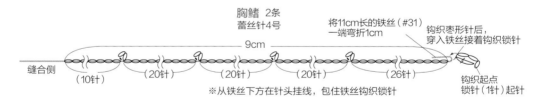

主体 钩针2/0号

背鳍的缝合位置

头部

钩织起点
锁针（36针）
起针

胸鳍的缝合位置

系流苏的位置

尾部

钩织至第5行后，以锁针起针为中心对折，塞入填充棉以及两端弯折后的铁丝，一边在两侧针脚的头部挑针，一边钩织这一行

填充棉

铁丝（#22）
※将12cm长的铁丝两端弯折5mm

主体

流苏（尾巴）的系法

②在线圈里穿过线头
①将5cm长的线对折，用钩针拉出线圈

③修剪至1cm

背鳍 5条 蕾丝针4号

①将8cm长的铁丝（#31）一端弯折1cm

缝合侧 ———— 6cm（60针）————

②在起始针里穿入铁丝
③在铁丝上钩织出锯齿状的锁针。从铁丝下方在针头挂线，包住铁丝钩织锁针

胸鳍 2条 蕾丝针4号

———— 9cm ————

将11cm长的铁丝（#31）一端弯折1cm

钩织枣形针后，穿入铁丝接着钩织锁针

缝合侧 （10针）（20针）（20针）（20针）（26针）

钩织起点
锁针（1针）起针

※从铁丝下方在针头挂线，包住铁丝钩织锁针

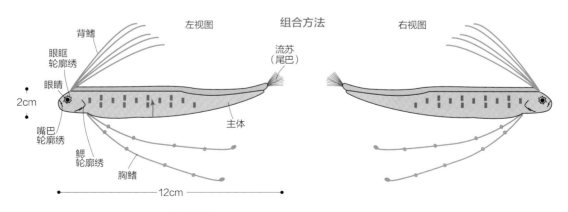

组合方法

左视图

背鳍
眼眶轮廓绣
眼睛
2cm
嘴巴轮廓绣
鳃轮廓绣
胸鳍

流苏（尾巴）

主体

———— 12cm ————

右视图

组合顺序

① 主体参照图示进行组合。
② 在背鳍和胸鳍上涂上胶水，分别插入指定位置固定好。
③ 在眼睛配件上涂上胶水，插入指定位置固定好。
④ 鳃、嘴巴、眼眶是在合适的位置做轮廓绣（参照p.63）。
⑤ 尾巴是在指定位置系上流苏。

腔棘鱼 图片：p.25

线 DMC 25 号刺绣线 / 蓝色系 (930)、蓝色系 (931)…各 1 支，水蓝色系 (3752)、白色 (B5200)…各 0.5 支

其他材料 日本编织玩偶协会 眼睛配件 (直插式) / 黑色 (3.5mm)…2 颗，填充棉…适量

针 蕾丝针 0 号

各部分的配色表

躯体		B5200
		930 (3本) +931 (3股线)
胸鳍、腹鳍、		3752 (3股线)
臀鳍、背鳍 (靠近尾部)		930 (3股线) +931 (3股线)
上颚、下颚		930 (3股线) +931 (3股线)
尾鳍、背鳍 (靠近头部)		3752 (3股线)
眼眶		931 (3股线)
定线绣		3752 (6股线)、3752 (3股线)

※（ ）内表示分股线的股数

躯体的针数表

行数	针数	加减针
23	4	-4
22	8	-2
21	10	-2
20	12	-2
17~19	14	
16	14	-1
15	15	-1
14	16	-1
13	17	-1
8~12	18	
7	18	+1
6	17	+1
5	16	
4	16	+1
3	15	+1
2	14	+2
1	12	

躯体 ₩ = ✕✕

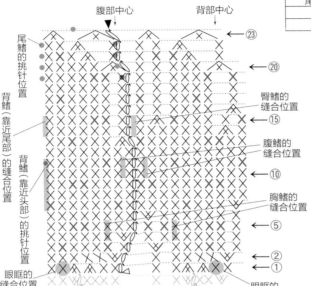

眼眶 2片

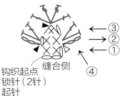
胸鳍、腹鳍、臀鳍、背鳍 (靠近尾部)
胸鳍、腹鳍 各2片
臀鳍、背鳍 (靠近尾部) 各1片
钩织起点
锁针 (2针)
起针

尾鳍
从●●●挑针
● = 尾鳍的挑针位置
● = 尾鳍的钩织起点

上颚

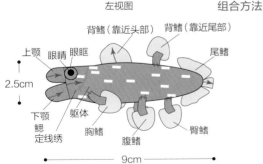

上颚的针数表

行数	针数	加针
3	8	+2
2	6	+2
1	4	

下颚的针数表

行数	针数	加针
4	8	+1
3	7	+1
2	6	+2
1	4	

背鳍 (靠近头部)
● = 背鳍 (靠近头部) 的钩织起点

组合方法

左视图

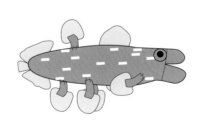

右视图

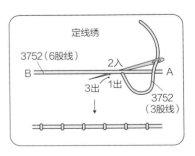

定线绣
3752 (6股线)
3752 (3股线)

组合顺序

① 分别钩织上颚、下颚。从上颚和下颚上挑针钩织躯体。
② 尾鳍、背鳍 (靠近头部) 是在躯体的指定位置挑针钩织。
③ 将背鳍 (靠近尾部)、胸鳍、腹鳍、臀鳍缝在躯体的指定位置。
④ 鳃是在合适的位置做定线绣。
⑤ 将眼眶缝在指定位置。在眼睛配件上涂上胶水，插入眼眶的中心固定好。

钩针编织基础

如何看懂编织图

本书中的编织图均表示从织物正面看到的状态，根据日本工业标准（JIS）制定。
钩针编织没有正针和反针的区别（内钩针和外钩针除外），
交替看着正、反面进行往返钩织时也用相同的针法符号表示。

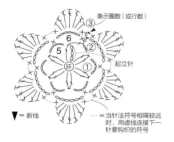

表示圈数（或行数）
起立针
= 断线
= 当针法符号相隔较远时，用虚线连接下一针要钩织的符号

从中心向外环形钩织时

在中心环形起针（或钩织锁针连接成环状），然后一圈圈地向外钩织。每圈的起始处都要先钩起立针（立起的锁针）。通常情况下，都是看着织物的正面按编织图逆时针钩织。

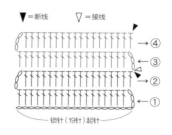

▼ = 断线　▽ = 接线

锁针（19针）起针

往返钩织时

特点是左右两侧都有起立针。原则上，当起立针位于右侧时，看着织物的正面按编织图从右往左钩织；当起立针位于左侧时，看着织物的反面按编织图从左往右钩织。左图表示在第3行换成配色线钩织。

带线和持针的方法

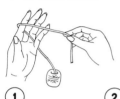

① 从左手的小指和无名指之间将线向前拉出，然后挂在食指上，将线头拉至手掌前。

② 用拇指和中指捏住线头，竖起食指使线绷紧。

③ 用右手的拇指和食指捏住钩针，用中指轻轻抵住针头。

起始针的钩织方法

① 将钩针抵在线的后侧，如箭头所示转动针头。

② 再在针头挂线。

③ 从线环中将线向前拉出。

④ 拉动线头收紧针脚，起始针就完成了（此针不计为1针）。

起针

从中心向外环形钩织时
（用线头制作线环）

① 在左手食指上绕2圈线，制作线环。

② 从手指上取下线环重新捏住，在线环中插入钩针，如箭头所示挂线后向前拉出。

③ 针头再次挂线拉出，钩织立起的锁针。

④ 第1圈在线环中插入钩针，钩织所需针数的短针。

⑤ 暂时取下钩针，拉动最初制作线环的线（1）和线头（2），收紧线环。

⑥ 第1圈结束时，在第1针短针的头部插入钩针，挂线引拔。

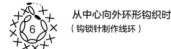

从中心向外环形钩织时
（钩锁针制作线环）

① 钩织所需针数的锁针，在第1针锁针的半针里插入钩针引拔。

② 针头挂线后拉出，此针就是立起的锁针。

③ 第1圈在线环中插入钩针，成束挑起锁针钩织所需针数的短针。

④ 第1圈结束时，在第1针短针的头部插入钩针，挂线引拔。

往返钩织时

① 钩织所需针数的锁针和立起的锁针。在边上第2针锁针里插入钩针，挂线后拉出。

② 针头挂线，如箭头所示将线拉出。

立起的1针锁针

③ 第1行完成后的状态（立起的1针锁针不计为1针）。

锁针的识别方法

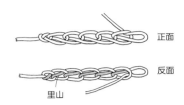

正面

反面

里山

锁针有正、反面之分。反面中间突出的1根线叫作锁针的"里山"。

在前一行挑针的方法

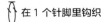 在1个针脚里钩织

①

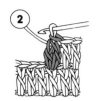
②

成束挑起锁针钩织

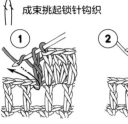
①

②

同样是枣形针,符号不同,挑针的方法也不同。符号下方是闭合状态时,在前一行的1个针脚里钩织;符号下方是打开状态时,成束挑起前一行的锁针钩织。

针法符号

⌒ 锁针

①

②

③

④
5针

① 起始针,接着在针头挂线。

② 将挂线拉出,1针锁针就完成了。

③ 按相同要领,重复步骤①和②的"挂线,拉出",继续钩织。

④ 5针锁针完成。

● 引拔针

①

②

③

④

① 在前一行的针脚中插入钩针。

② 针头挂线。

③ 将线一次性拉出。

④ 1针引拔针完成。

✕ 短针

①

②

③

④

① 在前一行的针脚中插入钩针。

② 针头挂线后向前拉出(拉出后的状态叫作"未完成的短针")。

③ 针头再次挂线,一次性引拔穿过2个线圈。

④ 1针短针完成。

T 中长针

①

②

③

④

① 针头挂线,在前一行的针脚中插入钩针。

② 针头再次挂线,向前拉出(拉出后的状态叫作"未完成的中长针")。

③ 针头再次挂线,一次性引拔穿过3个线圈。

④ 1针中长针完成。

T 长针

①

②

③

④

① 针头挂线,在前一行的针脚中插入钩针。再次挂线后向前拉出。

② 如箭头所示,针头挂线后引拔穿过2个线圈(拉出后的状态叫作"未完成的长针")。

③ 针头再次挂线,引拔穿过剩下的2个线圈。

④ 1针长针完成。

T 长长针

①

②

③

④

① 在针头绕2圈线,在前一行的针脚中插入钩针,再次挂线后向前拉出。

② 如箭头所示,针头挂线后引拔穿过2个线圈。

③ 再重复2次相同操作。

④ 1针长长针完成。

短针1针放2针　　　　 短针1针放3针

 短针2针并1针　　　　 短针3针并1针　　※（　）内是3针并1针时

① 钩1针短针。

② 在同一个针脚中插入钩针拉出线圈，钩织短针。

③ 在1针里钩入2针短针后的状态。短针1针放2针完成。

④ 如果在同一个针脚中再钩1针短针，短针1针放3针完成。

① 如箭头所示在前一行的针脚中插入钩针，拉出线圈。（3针并1针时，再从下一个针脚中拉出线圈）。

② 按相同要领从下一个针脚中拉出线圈。（3针并1针时，再从下一个针脚中拉出线圈）。

③ 针头挂线，如箭头所示一次性引拔穿过3（4）个线圈。

④ 短针2（3）针完成。比前一行少了1（2）针。

 长针1针放2针　　※2针以上或者长针以外的情况，也按相同要领在前一行的1个针脚中钩织指定针数的指定针法。

① 钩1针长针。接着针头挂线，在同一个针脚中插入钩针，挂线后拉出。

② 针头挂线，引拔穿过2个线圈。

③ 针头再次挂线，引拔穿过剩下的2个线圈。

④ 在1针里钩入2针长针后的状态。比前一行多了1针。

 长针2针并1针　　※2针以上或长针以外的情况，也按相同要领钩织指定针数的未完成指定针法，然后针头挂线，一次性引拔穿过针上的所有线圈。

① 在前一行的1个针脚中钩1针未完成的长针（参照p.61）。接着针头挂线，如箭头所示在下一个针脚中插入钩针，挂线后拉出。

② 针头挂线，引拔穿过2个线圈，钩第2针未完成的长针。

③ 针头挂线，如箭头所示一次性引拔穿过3个线圈。

④ 长针2针并1针完成。比前一行少了1针。

 短针的条纹针　　※短针以外的条纹针也按相同要领，在前一圈的外侧半针里挑针钩织指定针法。

① 每圈看着正面钩织。钩织1圈短针后，在第1针里引拔。

② 钩1针立起的锁针，接着在前一圈的外侧半针里挑针钩织短针。

③ 按与步骤②相同要领继续钩织短针。

④ 前一圈的内侧半针呈现条纹状。图中为钩织第3圈短针的条纹针的状态。

 短针的棱针　　※短针以外的棱针也按相同要领，在前一行的外侧半针里挑针钩织指定针法。

① 如箭头所示，在前一行的外侧半针里插入钩针。

② 钩织短针。下一针也按相同要领在外侧半针里插入钩针。

③ 钩织至行末，翻转织物。

④ 按与步骤②相同要领，在外侧半针里插入钩针钩织短针。

 3针长针的枣形针　　※3针以上或者长针以外的情况，也按相同要领在前一行的1个针脚里钩织指定针数的未完成的指定针法，再如步骤③所示，一次性引拔穿过针上的所有线圈。

① 在前一行的针脚中钩1针未完成的长针。

② 在同一个针脚中插入钩针，接着钩2针未完成的长针。

③ 针头挂线，一次性引拔穿过针上的4个线圈。

④ 3针长针的枣形针完成。

外钩长针

※往返钩织中看着反面操作时，按内钩长针钩织。

① 针头挂线，如箭头所示在前一行长针的根部插入钩针。

② 针头挂线后拉出，将线圈拉得稍微长一点。

③ 针头再次挂线，引拔穿过2个线圈。再重复1次相同操作。

④ 1针外钩长针完成。

内钩长针

※往返钩织中看着反面操作时，按外钩长针钩织。

① 针头挂线，如箭头所示从反面将钩针插入前一行长针的根部。

② 针头挂线，如箭头所示将线圈拉出至织物的后侧。

③ 将线圈拉得稍微长一点，针头再次挂线，引拔穿过2个线圈。再重复1次相同操作。

④ 1针内钩长针完成。

条纹花样的钩织方法

（环形钩织时，在一圈的最后换线）

b色 暂停钩织的线
a色

① 在钩织一圈最后的短针时，将暂停钩织的线（a色）从前往后挂在针上，用下一圈要钩织的线（b色）引拔。

② 引拔后的状态。将a色线放在织物的后面暂停钩织，在第1针短针的头部插入钩针，用b色线引拔连接成环状。

③ 连接成环状后的状态。

④ 接着钩1针立起的锁针，继续钩织短针。

卷针缝

① 将织片正面朝上对齐，在针脚头部的2根线里挑针拉线。在缝合起点和终点的针脚里各挑2次针。

② 逐针交替挑针缝合。

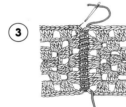

③ 缝合至末端的状态。

挑取半针做卷针缝合的方法

将织片正面朝上对齐，在外侧半针（针脚头部的1根线）里挑针拉线。在缝合起点和终点的针脚里各挑2次针。

罗纹绳的钩织方法

线头

① 留出3倍于所需绳子长度的线头，钩起始针。

② 将线头从前往后挂在针上。

③ 在针头挂上编织线引拔。

④ 重复步骤②、③钩织所需针数。结束时无须挂上线头，直接钩织锁针。

刺绣针法

5从2的同一针孔里出针
3出
1出 5出
2入 4入

轮廓绣

4在1的同一针孔里入针
4入 2入
3出
1出

回针绣

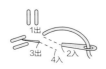

1出
3出 2入
4入

直线绣

2入
绕2圈
1出

法式结

日文原版图书工作人员

图书设计	mill inc.（大野郁美）
摄影	原田拳（作品）本间伸彦（步骤详解）
造型	绘内友美
作品设计	池上舞　冈本启子　镰田惠美子　河合真弓
	小松崎信子　松本薰
钩织方法解说、制图	中村洋子
步骤解说	佐佐木初枝
步骤协助	河合真弓

原文书名：ちょっと珍しいミニチュア海の生物図鑑
原作者名：E&G CREATED
Copyright © eandgcreates 2022
Original Japanese edition published by E&G CREATES.CO.,LTD.
Chinese simplified character translation rights arranged with E&C
CREATES.CO.,LTD.
Through Shinwon Agency Beijing Office.
Chinese simplified character translation rights © 2023 by China Textile &
Apparel Press

本书中文简体版经日本E&G创意授权，由中国纺织出版社有限公司独家出版发行。本书内容未经出版者书面许可，不得以任何方式或任何手段复制、转载或刊登。

著作权合同登记号：图字：01-2023-4246

图书在版编目（CIP）数据

钩针编织海洋世界／日本E&G创意编著；蒋幼幼译
. -- 北京：中国纺织出版社有限公司，2023.10
（尚锦手工刺绣线钩编系列）
ISBN 978-7-5229-0835-9

Ⅰ. ①钩… Ⅱ. ①日… ②蒋… Ⅲ. ①钩针—编织—图解 Ⅳ. ①TS935.521-64

中国国家版本馆CIP数据核字（2023）第148496号

责任编辑：刘　茸　　　特约编辑：张　瑶
责任校对：王惠莹　　　责任印制：王艳丽

中国纺织出版社有限公司出版发行
地址：北京市朝阳区百子湾东里 A407 号楼　邮政编码：100124
销售电话：010—67004422　传真：010—87155801
http://www.c-textilep.com
中国纺织出版社天猫旗舰店
官方微博 http://weibo.com/2119887771
北京华联印刷有限公司印刷　各地新华书店经销
2023 年 10 月第 1 版第 1 次印刷
开本：787×1092　1/16　印张：4
字数：150 千字　定价：59.80 元

凡购本书，如有缺页、倒页、脱页，由本社图书营销中心调换